U0184140

网络空间
合作治理新生态
——构建网络空间命运共同体

博岚岚／主编

WANGLUO KONGJIAN
HEZUO ZHILI XINSHENGTAI
GOUJIAN WANGLUO KONGJIAN MINGYUN GONGTONGTI

知识产权出版社
全国百佳图书出版单位
—北 京—

图书在版编目（CIP）数据

网络空间合作治理新生态：构建网络空间命运共同体/博岚岚主编. —北京：知识产权出版社，2020.8

ISBN 978-7-5130-6789-8

Ⅰ. ①网… Ⅱ. ①博… Ⅲ. ①互联网络—治理 Ⅳ. ①TP393.4

中国版本图书馆 CIP 数据核字（2020）第 032541 号

内容提要

本书共分为四大部分，第一部分系统阐释了网络空间国际合作治理相关理论，第二部分介绍了各国网络空间合作治理的战略，第三部分深入分析了网络空间国际合作治理面临的困境，第四部分着重从战略构想和战略举措两个方面深入分析构建新时代网络新生态的理论创新与实践探索。期待本书的观点和建议能够在构建网络空间命运共同体的建设中发挥一定的作用。

责任编辑：阴海燕　　　　　　　　责任印制：孙婷婷

网络空间合作治理新生态
　　　　——构建网络空间命运共同体

主　编　博岚岚

出版发行：知识产权出版社有限责任公司	网　址：http://www.ipph.cn
电　话：010-82004826	http://www.laichushu.com
社　址：北京市海淀区气象路 50 号院	邮　编：100081
责编电话：010-82000860 转 8693	责编邮箱：laichushu@cnipr.com
发行电话：010-82000860 转 8101	发行传真：010-82000893
印　刷：北京中献拓方科技发展有限公司	经　销：各大网上书店、新华书店及相关专业书店
开　本：720mm×1000mm　1/16	印　张：13
版　次：2020 年 8 月第 1 版	印　次：2020 年 8 月第 1 次印刷
字　数：200 千字	定　价：66.00 元

ISBN 978-7-5130-6789-8

编辑委员会

主 编：博岚岚

副主编：袁少恺 许晶岩 黄严严

编 委：赵静娴 任仕坤 李 磊

序
Preface

当今时代，生态的内涵不断拓展。除了基于自然界的自然生态、基于现实社会的社会生态及基于政治活动的政治生态，现在又有了基于网络空间的网络生态。在健康网络生态系统中，所有参与者共同建设、共同享有，形成唇齿相依的命运共同体。习近平总书记提出网络空间命运共同体这一重要理念，强调网络空间天朗气清、生态良好符合人民利益。我们应准确把握网络空间命运共同体建设的着眼点与着力点，推动形成风清气正的网络空间新生态。

互联网及互联网治理是全球治理中的新兴领域。今天的网络空间几乎覆盖全球所有国家和人口，世界各主权国家虽然当前都不同程度地面临着网络治理的问题，但在寻求国际治理合作方面却存在种种难题，如网络技术发展的不平衡、网络空间治理适用制度的差异以及不同利益的调和等。这些难题制约着网络空间治理国际合作框架和运行机制的建构。而网络空间治理国际合作的缺失导致的直接结果是损害发展中国家的主权和利益，纵容跨国网络犯罪，妨碍公民信息自由权利的实现。

中国作为世界网民数量第一的国家，是互联网国际合作治理中的重要一极。为推动建立多边、民主、透明的国际互联网治理体系，习近平主席在第二届世界互联网大会上提出："网络空间是人类共同的活动空间，网络空间前途命运应由世界各国共同掌握。各国应该加强沟通、扩大共识、深化合作，共同构建网络空间命运共同体。"在此背景下，《网络空间合作治理新生态——构建网络空间命运共同体》这本书便应运而生了。本书内容分为四大部分：第一部分系统阐释了网络空间国际合作治理相关理论；第二部分介绍了各国网络空间合作治理的战略；第三部分深入分析了网络空间国际合作治理面临的困境；第四部分着重从战略构想和战略举措两个方面深入分析构建新时代网络新生态的理论创新与实践探索。力求准确把握网络空间命运共同体建设的着眼点与着力点，推动形成风清气正的网络空间新生态。

本书也是战略支援部队信息工程大学 2016 年度人文社科基金课题"网络空间国际合作面临的难题与对策研究"的重要研究成果。在撰写过程中，由博岚岚担任主编，袁少恺、许晶岩、黄严严担任副主编，编委成员包括赵静娴、任仕坤与李磊。

书籍的编撰得到了信息工程大学科研部和基础部领导的亲切关怀，信息工程大学杨世松教授的热情指导，政治教研室同仁的大力支持，在此一并致以诚挚的感谢。

网络空间国际合作治理是一项战略性的、长期的艰巨任务，期待本书的观点和建议能够在构建网络空间命运共同体的建设中发挥一定的作用，也期望各位读者多提宝贵意见，使课题研究在互联网治理体系形成过程中不断修正和完善。

目 录
CONTENTS

第一篇　理论篇

第一章　网络空间国际合作治理理论 …………………………………… 3

　　一、网络空间国际合作治理的主体／3

　　二、网络空间国际合作治理涉及的领域／7

　　三、网络空间国际合作治理的模式／12

第二章　人类命运共同体理论 …………………………………………… 17

　　一、命运共同体的概念／17

　　二、人类命运共同体的基本特征／19

　　三、人类命运共同体理念的思想来源／21

　　四、人类命运共同体的价值观基础／24

第三章　全球治理理论 …………………………………………………… 28

　　一、全球治理的内涵／28

　　二、全球治理的历史发展／29

　　三、全球治理中的中国角色／32

第二篇　实践篇

第四章　美国等国家网络空间合作治理战略 ⋯⋯⋯⋯⋯⋯ 43

　　一、美国网络空间合作治理战略／43

　　二、其他发达国家的网络空间合作治理战略／48

第五章　主要发展中国家网络空间合作治理战略 ⋯⋯⋯⋯⋯ 57

　　一、俄罗斯的网络空间合作治理战略／57

　　二、其他新兴经济体的网络空间合作治理战略／60

第六章　中国与主要国家及国际组织的网络空间合作治理现状 ⋯⋯⋯ 67

　　一、中国与西方国家网络空间合作治理现状／67

　　二、中国与东盟网络空间合作治理现状／98

第三篇　困境篇

第七章　网络空间主权的界定问题 ⋯⋯⋯⋯⋯⋯⋯⋯⋯ 105

　　一、网络空间主权的含义／105

　　二、网络空间主权的特点／106

　　三、网络空间主权理念存在的争议／110

　　四、中国的网络空间主权理念／113

第八章　网络技术发展的国际不平衡 ⋯⋯⋯⋯⋯⋯⋯⋯ 116

　　一、少数发达国家在网络资源与管控方面存在垄断优势／117

　　二、各国数字信息接入与使用方面存在差距／124

　　三、各国网络治理能力存在差距／130

第四篇　路径篇

第九章　网络空间命运共同体理论的提出 …………………… 137

一、为破解全球网络空间治理难题贡献中国方案／137

二、推动网络空间和平发展、合作共赢／145

三、增强网络空间联通交流互鉴／152

四、保障网络安全有序发展／157

五、维护网络空间公平正义／165

第十章　构建网络新生态实践路径 …………………………… 171

一、坚持网络技术创新，加速科技强网／171

二、坚守网络思想阵地，加强文化建网／177

三、注重网络安全建设，保障实力护网／181

四、加速网络法治建设，严格依法治网／185

五、深化网络国际合作，助推合作兴网／189

参考文献 …………………………………………………………… 195

第一篇

理 论 篇

理解网络空间国际合作治理的相关概念，是构建网络空间命运共同体的基本出发点。有关网络空间国际合作的概念、主体、类型和基础，不仅关系网络空间国际合作治理研究的对象和范围，还关系研究的视角和方法。本篇着重厘清网络空间命运共同体与网络空间国际合作所涉及的基本理论，为下一步研究奠定基础。

|第一章|
网络空间国际合作治理理论

由于网络空间的国际合作治理是一个新兴议题，因此对其研究还不够充分，网络空间国际合作的概念目前没有准确的界定。但在学术界，大多数学者认同一个观点——网络空间的国际合作治理实质上是处于网络空间中的各类行为主体（国家、国际组织、企业、公民）在特定机制的组织与约束之下，在安全、政治、经济、文化等领域开展的跨国合作。

一、网络空间国际合作治理的主体

网络空间国际合作依托的是互联网，相较于传统国际合作，基于互联网平台的国际合作具有全球性、开放性和高度共享性的特点。这就使得国际合作的主体有所扩大：由传统的国家、国际组织扩展到企业和普通公民，这是网络空间国际合作与传统国际合作最大的不同之处。可以说，网络空间国际合作的参与主体是更为多元的，包括国家、国际组织、跨国公司和个人，他们在网络空间国际合作中发挥着不同的作用。

（一）国家

国家在网络空间国际合作中发挥主导作用。尽管随着全球化的发展，国际组织在国际合作中的作用日益加强，在某些领域甚至对国家主权起到限制的作用，但是国家在国际合作中仍旧担当着任何组织或个人都不可替代的角色。作为现代国际关系中最重要的主体，国家在网络空间国际合作治理中起主导作用。具体表现在以下两个方面。

1. 国家拥有分配网络资源的权力

网络资源与权力需要国家分配。第一，主权原则是国际关系的最基本的原则，任何关于互联网治理的规章或决议都必须经过国家的同意。第二，国家在构建网络空间治理制度上发挥基础性作用。第三，国家在打击网络恐怖主义、遏制网络犯罪问题上发挥关键作用。例如，通过国家领导人举行定期会晤，就网络安全问题交换看法，达成共识，签订合作协议，在合作的框架下，设立网络安全合作工作小组，这个工作小组扮演类似传送带的角色，在其作用下，政府间可以就网络袭击、网络恐怖主义等共同关心的问题开展更加广泛而深入的合作。第四，国家在推动网络经济合作、文化交流，互联网信息技术国际共享上可以发挥协调作用。通过双边与多边合作，更容易找出各国共同关注的互联网问题，经过共同协商后，提上各国政府议程的周期也相对较短。第五，虽然国际组织在全球网络空间治理的许多领域开展具体与实质性工作，但是任何国际组织都必须受到有关国家法律的约束，从登记、注册到开展活动都要受到国家法律的管制。那么，国家如何分配网络资源与权力？首先，呼吁共享网络资源。一些掌握核心技术的国家往往将网络资源作为政治谈判筹码，使得拥有较少资源的弱国就不得不在网络安全领域做出妥协。解决少数大国在网络空间处于垄断地位的关键部分就是网络核心资源的共享。资源的共享使得资源不再成为一种权力的来源，使得各行为体能够在平等的基础上解决问题。其次，促进网络空间的多元化发展，平衡少数国家在互联网规则制定上一家独大的局面。增加多边或双边对话，发挥联合国的协调作用，加大对发展中国家和第三世界的网络基础设施建设投入，进一步扩大互联网覆盖人群和国家，使更多的国家加入到网络空间中来，增加网络空间的层次结构，丰富网络空间的声音，促进网络空间多元化均衡发展。

2. 惩治网络犯罪

惩治网络犯罪需要国家来主导。一方面，国家立法到位与否直接关系到惩治的力度与效果明显与否。目前，世界上有多个国家就网络犯罪问题进行了专门的立法工作，但多数国家在网络犯罪立法方面依旧不完备、不细致、不准确。大多数国家，网络犯罪的法律基本框架已经形成，但是具体就某一行为的定罪还有困难。另一方面，出于对国家安全和自身利益的考虑，各个国家在跨国合作、对技术人员提供便利等方面均有所保留。国家政策是否"软性"，成了惩治网络袭击行为的一个关键因素。这种"软性"主要指在打击网络犯罪过程中政府在何种程度上给技术人员"开绿灯"，国家间能够促成何种程度上的合作等。政府在这种国际合作中不是局外人的角色，而应该是一个调解人的角色。在国家利益与网络技术发展中寻找一个平衡点，这是网络安全国际合作有效性的最大保障。

(二) 国际组织

国际组织在网络空间国际合作中发挥桥梁作用。由于各类国际组织的构成不同，他们在国际合作中的职能与地位也不同，各类国际组织所发挥的作用也不同。首先，在技术层面，需要有国际组织协调对全球域名系统的技术管理，注重技术标准建设，起草并发布网络安全技术标准以及作为国际标准的技术方案。例如，互联网号码与名称分配局、国际电工委员会、国际标准化组织等。其次，在网络治理合作上，需要有国际组织协调相关国家、跨国公司和公民予以合作。在这方面做得较好的国际组织有互联网治理论坛、八国集团等国际组织。再次，在合作政策的制定上，需要有国际组织协调各国家来通过，如欧洲理事会、美洲国家组织、亚太经济合作组织、东南亚国家联盟等。最后，在具体合作行动支持上，需要由一些国际组织担任行动队的角色，如国际刑警组织、应急事件及安全团队论坛等。推动网络空间国际合作的更好发展，需要国际组织在网络空间国际合作中发挥桥梁作用。

（三）企业

企业在网络空间国际合作中发挥支持作用。其优势体现在关键技术标准、应用、基础设施、核心硬件研发、生产及商业化能力方面，起到存储、挖掘和使用数据的作用，并有能力将技术优势转化为巨大的商业优势。如以美国为代表的欧美发达国家的公司在网络空间治理中占据中心位置，而亚非拉地区的发展中国家，大量处于全球网络空间治理中的边缘位置。掌握了信息技术优势的跨国公司，以谷歌、推特、脸谱等为代表，正逐渐具备了正面挑战国家主权的能力，伊朗、埃及、突尼斯等发展中国家就遇到过这种挑战。

互联网企业是网络空间国际合作的中流砥柱。当前，社会正在随着物联网、大数据、云计算等新技术的发展而加速推进。原本生涩的网络词语，如物联网、云计算、大数据这些词汇，现如今早已融入我们生活的方方面面，如影随形，无处不在。信息技术的发展使世界进入移动互联网的时代，内容的创造能力与信息搜集能力空前发展，移动互联网发展的重点从计算转向了数据。超乎想象的大数据在网络空间以超越已有的数据抓取、存储、搜索、分析和呈现能力速度迅速在网络空间积累起来，以海量、多样化、非结构化为特征的大数据时代来临。能够率先在数据存储与挖掘方面占据主导的行为体，在经济上就有机会创造前所未有的巨额财富，在政治上则可以获得前所未有的巨大影响力，互联网企业正是这样的行为体，应运而生的广大互联网企业在近年来的迅速发展壮大使其成了网络空间国际合作中不可小觑的重要行为主体。

（四）人民

人民在网络空间国际合作中发挥补充作用。全球化进程中，多国之间、政府与非政府组织之间合作日益增多，个体在全球合作中起着协调、沟通的重要作用，人民以非政府组织的形式参与全球治理的概念和理论被广泛地运用在全球化理论的研究中。目前，个体、人民对网络空间的影响方式有两种：一是作为网民，以决议的推进者、制度的建言者和具体业务的合作者等方式对网络空间发展做出一定的贡献；二是通过非政府组织、社会团体、学术机构与政府或国际组织构成合作关系共同建设与维护网络空间。自 20 世纪 80 年代起，由于全球性问题及人类所面临的各种危机的出现，国家在治理中总有力不能及之处，人民参与全球治理是对国家治理的良好补充，这一点可以从联合国与非政府组织的合作中得到证明。众所周知，联合国是一个由主权国家组成的国际组织，多年来一直致力于同非政府组织的合作。而且，联合国允许非政府组织以顾问或咨询机构的身份进入联合国专门机构。联合国在项目投资上，越来越重视"民众自下而上发展和自主发展""当地发展""小区域发展"，其中，非政府组织就是民众参与发展的主要组织形式。为了更充分发挥联合国和个体在治理中的作用，全球治理委员会在报告中曾提出在联合国体系内召开一年一次的民间社会论坛。例如，东盟的人民社会会议，这是由东盟民间社会组织的每年举行一次的常规性论坛，依托"亚洲人民倡议团结网"组织与宣传其主张，其议题十分广泛，涵盖人权、发展、贸易、环境、青年和文化等诸多内容。依托互联网这个广阔而又便捷的平台，不同区域、不同国度的普通公民可以被跨区域甚至跨境组织起来，在共同的目标和价值观下进行合作。这可以说是网络空间国际合作与传统国际合作之间最大的不同之处，它拓展了国际合作的主体，使得个体公民都可以参与到国际合作中来。

综而论之，网络空间国际合作主体由四部分构成，但四者间不是相互独立的，而是一个有机的整体，依托互联网实现国际合作有赖于国家发挥主导作用，国际组织发挥桥梁作用，企业发挥技术先锋队作用，以及人民社会发挥辅助补充作用。只有四者形成合力，网络空间的国际合作才能从宏观到微观顺畅良好地开展起来。

二、网络空间国际合作治理涉及的领域

在网络空间开展的国际合作不同于传统意义上的国际合作，合作的领

域有所变化。传统国际合作更多地集中在政治与经济领域，而基于网络的国际合作的核心在于安全领域，同时，网络空间国际合作除了传统的政治经济领域外，还扩展到了文化和技术领域。

（一）网络安全领域

针对超地域性、国际性趋势越来越强的网络犯罪，需要加强国家间、国际组织间、跨国公司间和公民间的相互合作，共同打击网络犯罪。

1. 防范网络恐怖主义

当今时代，恐怖主义对世界和平与人类安全构成了重大挑战与威胁。随着全球经济一体化进程的加快和信息化时代的到来，恐怖主义呈现出许多新特点，其中最突出的一个特点就是网络恐怖主义的发展。全球有数十亿台计算机接入了互联网，互联网不仅为人类提供了新的沟通方式，更深刻地影响了现代社会生活。但同时，互联网也成为恐怖分子实施犯罪的新工具。在防范网络恐怖主义方面，应在以下几个方面加强国际合作：第一，制定打击网络恐怖活动的共同法律认同和法律体系。形成各国一致认可的法律框架，形成打击和处罚网络恐怖活动的法律共识。第二，加强打击网络恐怖活动的顶层设计。目前，恐怖分子依托互联网，开展各种招募、宣传、策划、洗钱、组织等活动，反恐部门要有效地监测这些活动，必须拥有专门的互联网人才和经费的支持。在国际层面，促进联合国、国际刑警组织及其他国际组织形成普遍接受的广泛共识，建立促进不同国家间实现国际合作的操作平台；在国家层面，成立专门的机构和专业的力量从事打击网络恐怖活动的专门工作。第三，健全完善的信息共享机制，从而使金融、出入境、电信营运商、快递服务、交通旅行等部门内部和部门之间的信息充分实现共享，形成对网络恐怖活动有效打击的合力。

2. 打击网络跨国犯罪

过去若干年内信息空间出现的大量犯罪事实表明，对信息和网络技术的非法应用不仅广泛传播，而且产生了许多前所未有的高技术性和跨国性。许多有组织犯罪不再仅仅是一种国内现象，而已经变成了一种跨国性现象。跨国有组织犯罪的概念清楚地表明了许多犯罪行为的跨国界性质。犯罪组织通常是从某一个基地开始运作，然后在一个或多个国家开拓市场和寻觅其他机会。显而易见，网络空间正在成为跨国有组织犯罪新一轮发展的大本营，以及新型有组织犯罪迅速在全球滋生的温床。例如，利用网络信息技术提高犯罪集团的组织管理能力和效率；利用网络信息技术改进犯罪运作和内部通信；在跨国网络犯罪中应用加密技术，等等。这一切都在提醒我们，所有国家都不能对信息空间领域的犯罪掉以轻心。可以说，随着经济的全球化及网络跨国犯罪行为的日益猖獗，特别是互联网为跨国经济犯罪所提供的技术条件，使得跨国犯罪表现出无边界、高科技、难监管的新特点。所以，打击网络跨国犯罪需要国家间及地区间开展国际合作。在打击网络跨国犯罪方面，应在以下几个方面加强国际合作：一是加强对网络犯罪活动的定性并形成共识。要打击网络跨国犯罪，首先要在什么是网络跨国犯罪的定义问题上形成共识。由于各个国家的法律不同，对犯罪的认定不同，再加上国家间存在意识形态领域的斗争和对国家利益的关注，对某些犯罪行为掩护、包庇乃至申辩的情况时有发生。在打击网络跨国犯罪这一目标下，国际合作首先应该在统一跨国犯罪的界定标准上展开，只有统一标准，才能进行深入合作。二是建立健全国际打击网络跨国犯罪活动的运行体制机制。建立健全各国之间、执法部门与其他部门之间开展打击网络跨国犯罪活动信息共享的有效机制，努力编织完备细密的天网，使犯罪分子在网络社会没有犯罪之机、藏身之处。三是加强培养网络技术人才的国际合作，使技术人才掌握最为先进的电脑技术和侦察技术，真正使犯罪分子在网络世界无所遁形，在全球形成多方合作、相互支持、相互配合打击网络犯罪的体系。

（二）网络技术领域

在开放的、国际性的网络环境中，想要推动技术进步维护网络安全，需要加强网络空间的国际技术合作与共享。互联网的开放性、隐匿性、技术性强等特点，使其自身面临各类安全攻击的威胁，如黑客攻击、网络盗版、网络诈骗等犯罪行为，不但受害人难以发现、难以取证，甚至政府部门也常常面临监管难、查处难等问题。信息系统给我们带来巨大好处的同时，也使我们具有了独特的弱点，这常常使信息网络成为敌对势力和其他群体或个人实施安全攻击的主要对象。网络安全攻击具有极大的危害性，其后果常常无法设想。特别由于网络系统与国家关键信息基础设施具有极高的关联度，所以即使小小的环节被突破，也可能带来巨大灾难。

要实现网络空间国际合作的技术共享，一是在未来的科技研发当中，要在不同国家的网络基础设施之间搭建能够合作的桥梁，通过不同国家之间的合作来进行及时的学习和分享，不同国家之间确实要加强这种网络基础设施的经验交流，及时帮助大家解决在各自实体地区所发生的这些网络攻击的事件。进一步促进网络空间的国际合作，减少网络侵入和破坏，避免未经授权的网络入侵威胁各经济体的完整性和破坏国家安全；二是积极研发关键技术，提高网络攻防性能。各国都深刻认识到，技术是确保网络空间安全的基础。因此，为谋求在网络空间的优势，各国积极研发网络攻防关键技术。应当充分发挥高端服务器装备研制厂商的带头作用，由国家或国际组织牵头，鼓励、带动有能力的公司参与国际社会关于技术研究与产品研制，在学习中逐渐掌握核心技术，加强自主研发能力，提高自身信息产品的安全性，有效减少网络安全对外部依赖的敏感性。总之，要通过国际合作促进互联网自身的开放与创新，建设一个开放的、全球化的互联网是网络空间各行为体共同的目标。

（三）网络文化领域

在开放的、国际性的网络环境中，想要推动不同文化的交流与异质文明的融合，需要加强网络空间的国际文化合作。传统的国家间文化交流，大都由国家主导，目的是推崇各自国家的主流文化形态。因而，存在西方发达国家的文化垄断问题。西方将其夹带西式民主的主流文化在现代文化产品的包装下，不断向全球进行推送，当一种强势文化与另一种截然不同的强势文化遭遇的时候，往往会爆发文明的冲突。化解异质间文明冲突的有效解决办法是扩大基于网络的国际文化交流。将文化交流引入互联网领域，不仅可以扩大文化交流的主体，还可以有效扩展文化产业的边界，创造出无形、无边的文化市场空间。

加强网络空间的国际文化合作，具体可以从以下几个方面努力：一是利用互联网这个国际化的开放平台，进行文物和非物质文化遗产展示活动，文物和非物质文化遗产是各个国家文化的根，更是民族文化的灵魂、血脉和旗帜，在网络上展示，相当于带着这些艺术品在世界范围内开了一个巡展，有效地起到了宣传一国文化展示一种文明的作用。二是进行国际文化资源整合，实现信息共享、跨地域文化交流及集约化联动作业，引领国际化的文化产业与互联网产业交融发展的新潮流。三是扩大文化交流主体。文化企业、文化组织，甚至是个体公民，例如非物质文化遗产的传承人，可以通过互联网与境外的文化组织和个人进行即时的交流和沟通打破了传统的以国家为轴心的文化交流模式，吸纳了新的文化交流主体。

（四）网络经济领域

在开放的、国际性的网络环境中，想要推动国际经济与贸易大发展，需要加强网络空间的国际经济合作。网络空间的出现为全球经济合作提供了一个更为广阔的空间和一个繁荣规范的新兴网络市场。全球网络金融与电子商务的兴起和扩展，是经济发展在信息空间中最实质性的进展。从经济层面上说，它与以全球化贸易、生产和跨国经营为特征的实体经济互为表里，正在构筑起一个以生产要素在全球网络流动为基本特征的虚拟经济空间，逐渐成为信息空间内最重要最具代表性的经济支柱，是跨世纪的最重要发展趋势。全球网络金融正在引起全球经济运行方式、产业和社会结构的变革，这是由网络世界的互联特性所决定的。随着以互联网为代表的信息与通信技术的迅速发展与广泛应用，互联网将导致大量生来就具有国际化性质的公司的出现；"互联网将有助于生产者、产品开发者将大量的有关产品的数据信息、消费者偏好的信息与生产者本身的信息有机结合，从而实现快速、准确的产品开发，甚至于产品的市场测试过程也可以通过互联网在全球范围内更便捷、更廉价地实现"❶。这就是所谓生产与产品开发的智能化；网络化将有助于企业实现在全球范围内的即时交货与对顾客提供更高效、更完善的售前、售中与售后服务。经济领域的生产与销售要想实现上述的智能化与网络化，必须建立在新兴的网络市场这一基础之上。传统市场无法提供构建新兴网络市场所必需的信息与通信的基础设施，例如光缆、可接入终端等实现网络化的基础设施等，构建新兴网络市场凭借若干国家或几个跨国企业是无法完成的，其形成需要合力，需要多层次的、多个国际行为主体共同发力才能实现。

加强网络空间的国际经济合作应该在三个方面发力：第一，挖掘互联网经济的潜力，如互联网金融合作、互联网医疗合作、跨境电子商务等都亟待开发。第二，促进互联网与其他领域、跨学科的交汇和碰撞，如互联网与远程触觉、远程味觉的结合等，可能成为未来的"明日之星"。第三，在推动国际标准统一化、扩大自由贸易范围、加强科技合作创新、保护知识产权及商业贸易机密等方面我们还有很长的路要走。因此，在技术、管理经验、发展模式等方面取长补短，实现共享共治、互利共赢，加强互联网经济合作是网络空间国际合作的重要领域。

三、网络空间国际合作治理的模式

互联网作为信息和通信技术工具的重要性日益突出，以至于有人将互联网称为信息时代的全球性基础设施。但随着人们对互联网的依赖度越来越大，网络安全问题逐渐成为一种世界性的问题，几乎任何一个国家都无法独善其身。推动全球治理、加强网络空间治理的国际合作正成为越来

---

❶ 郭健全，汤兵勇. 互联网对国际商务的变革性影响［J］. 东华大学学报（社会科学版），2003（2）：30-32.

多国家、社会组织与普通公民的共识。网络空间的国际合作主要通过以下四种模式实施。

1. 共同信任模式

共同信任模式是网络空间国际合作的灵魂。网络目前仅仅是多个组织互相依赖的结构，组织之间没有上下级的隶属关系。不同的国家和国际组织，如何在缺少国际法的约束和限制的条件下，联合起来共同解决面临的问题，并最终达成一致意见，需要构建一种共同信任模式。从组织行为学的角度看来，信任的程度影响着组织的运转，信任可以降低交易成本，促进组织的有效运转。信任是合作关系的黏合剂，信任的缺乏会破坏联盟关系。德国社会学家卢曼在《信任与权力》一书中提出，信任是简化复杂性的机制之一。因此，网络中的信任是一种具有风险的行为。信任是不确定的、易逝的、有风险的。信任需要共同的义务和预期。正是基于这一点，在网络空间找寻到各个行为体之间能够达成合作的共同义务和预期，是目前最迫切的任务。网络发达国家及网络发展中国家都亟须在网络空间犯罪、网络空间冲突中找到有效的解决机制。如果在网络空间全球治理问题上不能达成有效的信任机制，很容易陷入网络空间的"安全困境"。在传统安全研究领域，一旦国家安全受到威胁，各国政府首先关心的是如何消除安全威胁，因此在国际社会中缓解安全困境的最重要方法是增强国家之间的沟通和信任。国与国之间可以通过合作来避免出现安全困境，换而言之，国家之间可以达成一个共识，即双方都不增强国防力量，这样对于双方都是有益的。殊途同归，在互联网世界也是这样的道理，必须通过在网络世界有影响力的国家之间积极展开合作，成立各种沟通机制，尝试通过对话和合作来增强相互之间的信任，通过减少他国疑虑，来减弱网络空间的安全困境。

共同信任模式是网络空间国际合作的最高层次，是网络空间国际合作实践强大的精神动力和力量源泉。世界上与网络有关的主要国际组织有十几个，所涉及的领域主要包括互联网治理、网络犯罪、网络恐怖主义及网络战。其中，在互联网治理领域国际社会达成的合作最多，在打击网络犯罪和网络恐怖主义领域达成的合作次之，在"网络战"领域国际社会的合作最少。换言之，由于缺乏更深层次的共同信任模式，网络空间的国际合作还停留在较低层次的标准制定和共同打击犯罪上面，而对网络安全威胁最大的网络战却难以达成合作，因此网络空间治理最重要的还是在于构建共同信任模式，这样才有可能达成高层次的合作。

2. 多边协调模式

多边协调模式是网络空间国际合作的保障。在国际关系领域，为了解决共同关心的国际和地区事务问题，外交部门往往通过多边协调模式来实现。传统安全领域如此，在非传统安全领域也同样可以借鉴。在网络空间，国际社会也可以采用"搭便车"的模式，在目前已有的多边协调机构有联合国、欧盟、上海合作组织等，成员国间正在逐渐加强有关网络安全、网络经济合作、网络文化交流等问题的合作。

构建多边协调模式需要做以下两个方面努力：首先，为了有效地构建网络空间领域协调的多边模式，各主要互联网大国之间必须扩大共同网络利益。在维护全球网络安全的领域中各个主要大国之间其实有很多共同利益。"网络空间不仅是实体空间的全面映射，而且也是人类社会全新的命运共同体。"❶ 以中国和美国为例，中美网民相加占全球网民总数的三分之一，这些事实都将使中美网络空间利益关切点越来越重合。而其余网络大国德国、英国、法国、俄罗斯、日本、韩国等也将在网络空间全球治理领域发挥重要的作用。其次，在各个国家行为体协调传统安全问题的同时，要将提升新兴的网络空间安全问题作为重要内容进行协调和磋商，逐步形成定期会晤模式，解决目前网络空间治理面临的问题，并设计合理的制度规避可能出现的网络空间大范围冲突及由此带来的灾难性后果。只有通过积极打造基于网络空间治理的多边协调模式，才能更好地避免各国之间在网络领域的战略误判，做到在网络空间和平相处、有效治理。

---

❶ 蔡翠红. 论中美网络空间的战略互信 [J]. 美国问题研究，2013 (1)：93-217.

3. 国际会议模式

国际会议模式是网络空间国际合作的载体。在实体世界国际关系中，解决国家间矛盾的一个有效途径是友好磋商，实体世界的法则同样适用于虚拟世界。网络空间存在的各种问题不比现实世界简单，甚至由于网络开放性、隐匿性、脆弱性等特点使其比现实世界更复杂，这些问题的有效解决需要网络各参与方的共同努力。网络是一个全球性问题，国际社会应本着相互尊重、相互信任的原则，就制定网络空间的国际规则进行建设性的对话与合作。因此，网络空间治理首先需要构建常态化的国际会议模式。国际会议模式由会议的组织方与参与方共同构成，就组织方来说，国际会议应有固定的组织方，会议的组织者可以是国家，也可以是国际组织，主要负责定时定点召开互联网治理协调大会。就参与方来说，国际会议的参与方可以是国家，跨国公司甚至是公民，参会各方应打破壁垒，技术共享，群策群力。

国际会议模式的内容由以下三部分构成：第一，推动网络立法的实现，呼吁世界各国遵守一套网络中的"道路交通法规"，即制定网络空间的行为准则，其核心是尊重国际法、个人隐私和知识产权。第二，在网络安全方面，推动国际合作。应对网络犯罪、网络安全、隐私和开放性问题是所有利益攸关方的共同责任。第三，探讨如何改进现有国际执法机构之间的合作问题，以便在各行为体之间建立更通畅的联络机制，促进信息和通信技术业界与执法机构之间的合作。

4. 行为规范模式

遵守网络行为规范是网络空间国际合作的准绳，各国的网络安全法律政策大多围绕关键基础设施、个人数据安全、网络应急响应等核心制度展开。例如，我国在 2017 年 6 月实施的《中华人民共和国网络安全法》是为保障网络安全，维护网络空间主权和国家安全、社会公共利益，保护公民、法人和其他组织的合法权益，促进经济社会信息化健康发展。澳大利亚 2008 年颁布的《电信法（修正案）》要求所有被纳入国家关键基础设施范围内的电信运营商按照电信安全改革框架采取措施，全面提高网络安全水平。美国特朗普政府 2017 年颁布的《网络安全行政令》将电力和国防工业划定为关键基础设施优先保障领域，要求开展先行试点，启动风险承压评估。而诸如加密和反加密、区块链安全、虹膜识别、数字身份等新议题，要么因为尚处于技术（产业）发展初期，安全风险暂未探明，要么由于牵涉利益关系过于庞杂，各国立法和监管机构止步于讨论，尚无成文规则出台。

网络空间国际合作需要合作各方严格遵守网络行为规范。国际社会普遍认为，互联网已经成为全球性公共设施，是全人类共同的财富，因此对于和互联网相关的国际公共政策问题，各行为体拥有权利并负有责任，但互联网与国际法上其他的"人类共同财产"相比存在很大差别。其一，与公海、外层空间、无线电频谱等这些人类共有的自然资源不同，互联网是完完全全的人造物品，开发使用不会令其消失，反而使它更为繁荣；其二，互联网的价值在于作为整体的使用，而不是瓜分，构成互联网的设备本来就各具所有权人。因此，互联网的共有共用制度必然要比自然资源的共有共用更为复杂，互联网治理权的平等分配和共同行使也就显得更为重要。治理权是互联网治理领域国际法的最基本制度，其他制度均需建立在治理权平等的基础之上。因此，在未来，确立网络空间国际行为规范的原则应该是：由全人类拥有和管理，共同利用，协商治理。

| 第二章 |
人类命运共同体理论

网络空间命运共同体理念来源于人类命运共同体。人类命运共同体与共同体、命运共同体等概念有着密切的关联。习近平总书记所倡导的构建人类命运共同体有着丰富的科学内涵，有其内在的本质规定性和鲜明的时代特征。

一、命运共同体的概念

"共同体"作为一个被广泛应用于哲学、政治学、社会学、人类学的重要概念，自 20 世纪 80 年代共同体主义（communitarianism）兴起以来，越发成为当代政治哲学的关键词之一。国际学术界关于共同体的研究由来已久，但至今没能给共同体赋予清晰定义。根据《现代汉语大词典》的解释，共同体的定义分为两种，一是人们在共同条件下结成的集体，二是由若干国家在某一方面组成的集体组织，如欧洲共同体。可见，共同体表示一种具有共同利益诉求和伦理取向的群体生活方式。

关于共同体的研究有着很长的历程，众多思想家、社会学家对"共同体"进行了论述。在马克思看来，"人的本质是人的真正的共同体"❶。滕尼斯对共同体和社会进行了区分，他将共同体看作真正的具有持久性的共

---

❶ 马克思恩格斯全集：第 3 卷 [M]. 北京：人民出版社，2002：394.

同生活。相比之下，社会这种共同生活只具有暂时性和表面性。安东尼·柯亨则在《共同体的符号结构》一书中指出："最好不要把共同体予以实体化，不要将之理解为建立在地方性基础上的社会互动网络，而要更多地注意共同体对于人们生活的意义及他们各自认同的相关性。"❶

从以上分析我们能够得知"共同体"的显著特征是群体性，它可被用来描述社会关系，也可以指称广泛的、想象的或虚拟的人类群体。我们进而可以对共同体给出以下定义：共同体是指与人的内在本质相适应并能够促进人的本质实现的拥有持久生命力的且被寄予厚望的理想有机联合体。再进一步，对于现代人而言，共同体所指认的也许并不仅仅是一种我们可以获得和从其中充分实现人的本质的自由空间，它在一定程度上还可以被看作是对全球化所产生并加剧的团结和归属危机的一种回应，是一种我们热切希望栖息、希望重新拥有的人类世界和新天地，更多的是充满着一种"高山仰止，景行行止，虽不能至，然心向往之"的不懈追求。

从字面上看，命运共同体是在共同体之前加上一个前缀，这个前缀并不是唯一的，既可以是利益也可以是家庭、政治、民族等。这个前缀实际上规定了共同体的主体和导向，如家庭共同体，是以家庭为主体的共同体；利益共同体，是以利益为导向的共同体。可见，命运共同体就是以命运为主体或导向的共同体。而命运的含义又是多重的，从普遍意义上说，命运就是生命发展的规律，决定这种规律的力量在于我们自身。换言之，命运体现了生命发展的因果，是以不同生命表现而导致的结果。可以说，命运共同体不唯有物理关系上的紧密相连，也强调精神关系上的彼此认可，更兼具发展前途的共同守望，命运共同体在此意义上可以看作是以把握生命发展趋势为导向的有机体。共同体是不受地域、面积、人口等因素限制的，如英国社会学家麦基文所说："不管多大面积的共同生活，都可以称之为共同体，如村、镇、县、省、国家以及更大的领域。"由此类推，

---

❶ 曾琰."确定性—自由"规约下的规范性生成：人类命运共同体规范性构建的双重要义及径路 [J]. 社会主义研究, 2018 (6)：131-137.

人类命运共同体即以地球为地理单位，以人类的整体发展态势和前途命运为总关切的全体成员组成的有机联合体。

二、人类命运共同体的基本特征

党的十八大报告首次提出了人类命运共同体概念，初步阐释了人类命运共同体概念的基本内容，为人类命运共同体理念的丰富和发展指明了方向，为构建人类命运共同体的倡议提供了理论基础。十八大以来，以习近平同志为核心的党中央更是在众多的国际场合倡导构建人类命运共同体，并赋予其鲜明的时代内涵。

人类命运共同体理念是在时间推移和空间拓展的过程中铺展开来的，是在内涵逐渐丰富、外延不断扩展的过程中形成和发展而来的。从国与国之间的"中俄命运共同体""中巴命运共同体"等，到国与地区之间的"中非命运共同体""中拉命运共同体"等，再到地区性的"亚洲命运共同体"和世界性的"人类命运共同体"，人类命运共同体理念的内涵不断丰富、特征逐渐显现，轮廓已经清晰可见。2015 年 9 月 28 日，习近平主席在出席第七十届联合国大会一般性辩论时的讲话中，正式向世界系统阐释构建人类命运共同体的重大命题，主张通过"建立平等相待、互商互谅的伙伴关系""营造公道正义、共建共享的安全格局""谋求开放创新、包容互惠的发展前景""促进和而不同、兼收并蓄的文明交流""构筑尊崇自然、绿色发展的生态体系"[1]来构建人类命运共同体，其不仅形成了构建人类命运共同体的总布局和总路径，也明确了人类命运共同体理念的基本内涵。

就其本质内涵而言，人类命运共同体是一种整体意识、全球思维、人类观念，核心在于和平发展、合作共赢，本质上是构建以合作共赢为核心

---

[1] 习近平. 携手构建合作共赢新伙伴，同心打造人类命运共同体［N］. 人民日报，2015-09-29（2）.

的新型国际关系的战略目标，是对人类未来发展做出的一项重要顶层设计。就其基本结构而言，这一顶层架构是政治、经济、文化、安全、生态的"五位一体"，并以政治平等互商、经济互惠共赢、文化互鉴融合、安全共建共享、生态绿色持续为基本内容，内含政治共同体、经济共同体、文明共同体、安全共同体、生态共同体，成为人类重新审视世界的新全球观、解决全球性问题的理念支撑、新全球化时代的"中国方略"。

人类命运共同体是一个有机整体，内容结构较为完善，内含不同的部分，政治共同体、经济共同体、文明共同体、安全共同体和生态共同体是其有机组成部分。人类命运共同体有着鲜明的特征，从习近平总书记关于构建人类命运共同体的相关论述中，可透视出人类命运共同体的显著特征。

（1）平等性。人类命运共同体建立在各国平等相待、相互谅解的伙伴关系基础之上。平等是相互谅解的重要前提，也是贯穿于联合国宪章的重要原则，各国虽然面积有大小之分，国力有强弱之别，但是在国际社会中的身份和地位都应当是平等的。大国之间，要相互尊重、合作共赢，大国与小国之间，要平等相待、一视同仁，"世界各国一律平等，不能以大压小、以强凌弱、以富欺贫"❶。

（2）互利性。人类命运共同体追求的目标之一是开放创新、包容互惠的发展前景。互惠互利是实现共同发展的原动力，一国单独获利必然不会长久，各国共同获益才能持续进步，互帮互助、互利共赢的发展才是好的发展、真正的发展，国家间要"树立双赢、共赢的新理念，在追求自身利益时兼顾他方利益，在寻求自身发展时促进共同发展"❷。

（3）互鉴性。人类命运共同体倡导和而不同、兼收并蓄、互鉴融合的文明交流。文明的发展进步不仅不排斥多样性，反而是以此为前提的，缺乏交流的文明是单调的文明，缺少彼此欣赏、互相借鉴不会增进不同文明

---

❶ 习近平. 携手构建合作共赢新伙伴，同心打造人类命运共同体［N］. 人民日报，2015-09-29（2）.

❷ 摒弃你输我赢旧思维，树立共赢新理念［N］. 新京报，2015-03-29（A04）.

间的和谐与友善，也难以铸就人类文明的光彩和辉煌，"只有在多样中相互尊重、彼此借鉴、和谐共存，这个世界才能丰富多彩、欣欣向荣"❶。

（4）共建性。人类命运共同体呼唤公道正义、共建共享的安全格局。全球化时代的安全不再是单一、局部的安全，世界上不存在所谓自身的绝对安全，也更不可能从别国的动荡不安中谋取稳定，国际安全具有公共性和共建性，一国安全的取得需要国际主体的共同建设，"我们要推动经济和社会领域的国际合作齐头并进，统筹应对传统和非传统安全威胁，防战争祸患于未然"❷。

（5）可持续性。人类命运共同体离不开尊崇自然、绿色可持续的生态体系。生态文明建设的成败关系到人类的未来走向，面对日趋严峻的全球生态问题，任何国家都难以独善其身，全球生态的可持续需要世界各国的持续合作。"国际社会应该携手同行，共谋全球生态文明建设之路，牢固树立尊重自然、顺应自然、保护自然的意识，坚持走绿色、低碳、循环、可持续发展之路"❸，努为实现经济发展和生态建设的双赢。

三、人类命运共同体理念的思想来源

在马克思、恩格斯、列宁等的著作中都出现过共同体思想，虽然他们笔下的共同体与人类命运共同体的内涵并不完全一致，但蕴含于其中的"构建社会共同体""和平共处""携手共建"等精神实质却与"人类命运共同体"具有很强的统一性。在一定程度上，马克思恩格斯的共同体思想、列宁关于共同体的思想与实践构成了人类命运共同体理念的底色。中华人民共和国成立后，中国共产党在处理国际问题上有很多新的见解，这些理念为人类命运共同体的战略思想作了充分的理论准备和铺垫。例如，

---

❶ 习近平. 携手构建合作共赢新伙伴，同心打造人类命运共同体［N］. 人民日报，2015-09-29（2）.

❷ 同❶。

❸ 同❶。

邓小平的全球性理念将对外开放和维护世界和平联系在一起，以开放促发展，以发展促和平，以和平促开放，这也回答和解决了"怎样融入世界"的重大问题，中国的前途命运已经和世界紧密相连，为人类命运共同体的提出准备了客观条件。以习近平同志为核心的党中央领导集体在马克思理论基础上，运用处理国际问题的经验，结合中国传统思想与西方全球治理思想，绘制出一幅人类命运共同体的瑰丽画卷。

优秀传统文化是一个国家、一个民族得以生存、延续和发展的根本，中华优秀传统文化是中华民族的根，为中华民族生息繁衍、发展壮大奠定了坚不可摧的精神基座；中华优秀传统文化是中华民族之魂，牵引着中华民族发展的方向，烙铸成为千百年来中华民族的精神价值；中华优秀传统文化是中华民族之源，静静流淌于每个中国人的肌体之中，成为中华民族的文化基因。在博大精深的中华优秀传统文化中，和合理念、大同理想、天下情怀及民本思想等闪烁着智慧的光芒，构成了人类命运共同体理念的传统文化基础。

(一) 和合理念

和合理念是中国传统文化的重要价值和精髓，也是中国传统思想文化中广为认同和普遍接受的人文理念，贯穿于中国文化发展的全过程，体现于许多的思想、著述之中，习近平主席强调的"蕴含着天人合一的宇宙观、协和万邦的国际观、和而不同的社会观、人心和善的道德观"❶，具有普遍的适用性和极强的生命力。

和合理念涉及人与人、国与国、人与自然之间关系的问题，古人追求人与人之间产生和睦的关系，"内治修，然后远人服，有不服，则修德以来之"，从"不当勤兵于远"，以追求国与国关系之和平在和合理念的文化作用下，"耀德不观兵、宣德以柔远人"等思想成为古代中国与其他国家

---

❶ 习近平. 在中国国际友好大会暨中国人民对外友好协会成立 60 周年纪念活动上的讲话 [N]. 人民日报，2014-05-16 (1).

之间关系的重要原则。郑和率领当时世界上无与伦比的舰队下西洋，他们对途经各国友好相待、秋毫无犯，这正是秉承和合理念的结果。

和合理念包含着人类对美好、和谐世界的一种价值追求，就国与国关系而言，它表达了一种对没有战争、没有仇杀，平静、安宁的国际秩序的向往，为正确处理当前人类面临的各种困局和挑战提供了耀眼的思想光辉，为内含和平、和谐、合作、融合等理念的人类命运共同体思想留下了深层的文化积淀。

（二）大同理想

大同理想是中国古代思想，指人类最终可达到的理想世界，代表着人类对未来社会的美好憧憬。其基本特征为人人友爱互助，家家安居乐业，没有差异，没有战争。这种状态称为"世界大同"，此种世界又称"大同世界"。现代又加入了全球范围内政治、经济、科技、文化融合的思想。

在全球化趋势愈演愈烈的今天，大同理想愈发显示出其蕴含着的时代价值。它突破了仅从一人、一国看待世界的狭隘视角，而是站在全球高度俯瞰整个人类的发展趋向，表现出主体思想的宏大视野，突显出对人类命运的整体关怀，是一种全新的人类观、天下观，为人类命运共同体理念的应运而生提供了丰厚的思想文化滋养。

（三）天下情怀

"天下"一词字义为普天之下之意，没有地理、时间和空间的限制，古时的天下多指中国，比如"天下兴亡，匹夫有责"的强烈担当，表明中华优秀传统文化中深沉的天下意识和情怀。但中国从来不是一个只着眼于自身的国家，而是拥有着天下为怀的精神境界，家国天下的宽广视野和天下为己任的责任担当，是传统文化所具有的独特禀赋。这种独特禀赋展现出的是一种整体思维和中国人博大的世界观，与人类命运共同体所涵盖的内外一体、共建共享、协同共进的深层意蕴具有内在的契合性，充满了对世界的责任意识和担当情怀。

四、人类命运共同体的价值观基础

党的十八大报告强调，人类只有一个地球，各国共处一个世界，要倡导"人类命运共同体"意识。习近平总书记 2012 年 12 月 5 日在同在华工作的外国专家座谈时指出，国际社会日益成为一个你中有我、我中有你的命运共同体，面对世界经济的复杂形势和全球性问题，任何国家都不可能独善其身。"命运共同体"是近年来中国政府反复强调的关于人类社会的新理念。2011 年 9 月发表的《中国的和平发展》白皮书提出，要以命运共同体的新视角，寻求人类共同利益和共同价值的新内涵。

当前，国际形势基本特点是世界多极化、经济全球化、文化多样化和社会信息化。粮食安全、气候变化、网络攻击、人口爆炸、环境污染、疾病流行、跨国犯罪等全球非传统安全问题层出不穷，对国际秩序和人类生存构成了严峻挑战。不论人们身处何国、信仰何如、是否愿意，实际上已经处在一个命运共同体中。与此同时，一种以应对人类共同挑战为目的的全球价值观已开始形成，并逐步获得国际共识。这一全球价值观包含相互依存的国际权力观、共同利益观、可持续发展观和全球治理观。

（一）国际权力观

多少世纪以来，不同国家和国家集团之间为争夺国际权力发生了数不清的战争与冲突。随着经济全球化深入发展，资本、技术、信息、人员跨国流动，国家之间处于一种相互依存的状态，一国经济目标能否实现与别国的经济波动有重大关联。各国在相互依存中形成了一种利益纽带，要实现自身利益就必须维护这种纽带，即现存的国际秩序。国家之间的权力分配未必要像过去那样通过战争等极端手段来实现，国家之间在经济上的相互依存有助于国际形势的缓和，各国可以通过国际体系和机制来维持、规范相互依存的关系，从而维护共同利益。

现在，人类社会是一个相互依存的共同体已经成为共识。国际社会发生的，如 1997 年亚洲金融危机、2008 年国际金融危机等事件，使相互依存现象具有了更加深刻的内涵。在经济全球化背景下，一国发生的危机通过全球化机制的传导，可以迅速波及全球，危及国际社会整体。面对这些危机，国际社会只能"同舟共济""共克时艰"。亚洲金融危机后中国把握其宏观经济政策以帮助东盟国家，2008 年国际金融危机后二十国集团机制的出现，都是国家之间在相互依存中通过国际机制建设应对国际危机的例证。可以设想，如果国家之间互不合作，以邻为壑、危机外嫁，这些危机完全可能像 20 世纪 20 至 30 年代的危机一样，引发冲突甚至战争，给人类社会带来严重灾难。

（二）共同利益观

"共同利益"的概念并非从来就有。欧洲君主制时期，国家利益就是君主个人或家族的利益。进入 20 世纪，国际社会的利益关系曾被描述为一种排他的零和关系，因此利益争夺引发战争是无法避免的。

经济全球化促使人们对传统的国家利益观进行反思。瞬间万里、天涯咫尺的全球化传导机制把人类居住的星球变成了"地球村"，各国利益的高度交融使不同国家成为一个共同利益链条上的一环。任何一环出现问题，都可能导致全球利益链中断。互联网把各国空前紧密地连在一起，在世界任何一点发动网络攻击，看似无声无息，但给对象国经济社会带来的损失却有可能不亚于一场战争。气候变化带来的冰川融化、降水失调、海平面上升等问题，不仅将给小岛国带来灭顶之灾，也将给世界数十个沿海发达城市造成极大危害。资源能源短缺涉及人类文明能否延续，环境污染导致怪病多发并跨境流行。面对越来越多的全球性问题，任何国家都不可能独善其身，任何国家要想自己发展，必须让别人发展；要想自己安全，必须让别人安全；要想自己活得好，必须让别人活得好。

在这样的背景下，人们对共同利益也有了新的认识。既然人类已经处在"地球村"中，那么各国公民同时也就是地球公民，全球的利益同时也就是自己的利益，一个国家采取有利于全球利益的举措，也就同时服务了自身利益。中国政府自改革开放以来调整了自己与国际体系的关系，越来越重视人类的共同利益，使自己成为国际社会的"利益攸关者"。正如十九大报告所强调的那样，中国将坚持把中国人民利益同各国人民共同利益结合起来，以更加积极的姿态参与国际事务，发挥负责任大国作用，共同应对全球性挑战。

（三）可持续发展观

工业革命以后，人类开发和利用自然资源的能力得到了极大提高，但接踵而至的环境污染和极端事故也给人类造成巨大灾难。1943 年美国洛杉矶光化烟雾事件、1952 年伦敦酸雾事件、20 世纪 50 年代日本水俣病事件、1984 年印度博帕尔化学品泄漏事件等恶性环境污染事件，均造成大面积污染和大量民众伤病死亡。这些事故引起了人们的思考。1972 年，以研究环境和发展问题著称的"罗马俱乐部"发表了《增长的极限》报告，提出"若世界按照现在的人口和经济增长以及资源消耗、环境污染趋势继续发展下去，那么我们这个星球迟早将达到极限进而崩溃"❶，引起国际社会极大争论。同年，联合国在斯德哥尔摩召开人类环境研讨会，会上首次提出了"可持续发展"的概念。1983 年，联合国成立"世界环境与发展委员会"进行专题研究。该委员会 1987 年发表《我们共同的未来》报告，正式将可持续发展定义为"既能满足当代人需要，又不对后代人满足其需要的能力构成危害的发展"。此后，可持续发展成为国际社会的共识。1992 年，联合国在巴西的里约热内卢召开环境与发展大会，通过了以可持续发展为核心的《里约环境与发展宣言》等文件，被称为《地球宪章》。2002 年，联合国又在南非召开可持续发展问题世界首脑会议，通过了《约翰内斯堡执行计划》。2012 年，各国首脑再次齐聚里约热内卢，出席联合国可持续发展大会峰会，重申各国对可持续发展的承诺，探讨在此方面的成就与不足，发表了《我们憧憬的未来》成果文件。

---

❶ 曲星. 人类命运共同体的价值观基础 [J]. 求是，2013（4）：53.

中国从斯德哥尔摩会议开始就相继参加了可持续发展问题的历次重要国际会议，在可持续发展理念形成、制度建设、发展援助等方面都发挥了建设性的作用。1994 年中国发布了《中国 21 世纪议程——中国 21 世纪人口、环境与发展白皮书》。1996 年，"可持续发展"被正式确定为国家的基本发展战略之一。

| 第三章 |
全球治理理论

全球化是人类经历的最为深刻的变化，全球治理的兴起，是全球化发展的必然趋势，也是各国应对全球性挑战、发展与转型的重要政治选择。互联网的发展也是全球性发展，它让世界变成了地球村，让互联网的问题成为全球性问题。网络空间的治理，也是全球治理的一部分。

一、全球治理的内涵

国内外学术界对于全球治理还没有形成确定的、得到共识的概念与定义。中国学者也尝试着从不同的角度来对全球治理的概念进行界定。

唐贤兴在 2001 年的文章中探讨了全球治理的内涵，认为"政府组织、非政府组织、跨国公司、私人企业、利益集团和社会运动的其他行为主体。它们一起构成了国家的和国际的某种政治、经济和社会调节形式；这些主体相互依存，以共同的价值观为指导，以达成共同立场为目标进行协商和谈判，通过合作的形式来解决各个层次上的冲突"❶。他在此文章中指出治理理论的基础是新自由主义和公共选择理论。

著名学者俞可平认为，"所谓全球治理，指的是通过具有约束力的国

---

❶ 唐贤兴，张翔. 全球化与全球治理：一个"治理社会"的来临？[J]. 世界经济与政治，2001（1）：26-30.

际规制解决全球性的冲突、生态、人权、移民、毒品、走私、传染病等问题，以维持正常的国际政治经济秩序。"❶ 俞可平从 5 个层面来诠释全球治理，即价值、规则、主体、对象和绩效。刘金源借鉴外国学者的研究成果对全球治理作出定义："全球治理指的是在全球范围内的各个领域，各种公共、私人机构以及个人，通过制定与实施具有约束力的国际规制，以解决全球性的公共问题，实现增进全球共同的公共利益的目标。"❷

根据全球治理委员会的定义：治理是个人和制度、公共和私营部门管理其共同事务的各种方法的综合。它是一个持续的过程。其中，冲突或多元利益能够相互调适并能采取合作行动，它既包括正式的制度安排也包括非正式的制度安排。由此可见，全球治理的基本特征包括：一是全球治理的实质是以全球治理机制为基础，而不是以正式的政府权威为基础。二是全球治理存在一个由不同层次的行为体和运动构成的复杂结构，强调行为者的多元化和多样性。三是全球治理的方式是参与、谈判和协调，强调程序的基本原则与实质的基本原则同等重要。四是全球治理与全球秩序之间存在着紧密的联系，全球秩序包含那些世界政治不同发展阶段中的常规化安排，其中一些安排是基础性的，而另一些则是程序化的。

综上，全球治理可以看作是在世界范围内开展的治理活动，以自然法为基础的世界主义思想将全人类看作是一个巨大的共同体，在这个共同体中，所有人都是平等的，每个人也都对这个共同体负有责任和义务。这也就为以共有、共商、共建、共享为核心的全球治理思想奠定了理论基础。

二、全球治理的历史发展

随着金融危机、气候变化、跨国犯罪等全球性问题的凸显，越来越多的国家意识到，单凭某个国家的力量无法根除和有效解决这些问题，全球

---

❶ 俞可平. 全球治理的趋势及我国的战略选择 [J]. 国外理论动态, 2012 (10)：7-10.
❷ 刘金源. 积极参与全球治理体制变革 [N]. 人民日报, 2016-04-14 (7).

治理以全球公民的社会利益为基础，将治理的主体从单一的国家层面扩大到了非国家层面。全球治理借助多国之间、政府组织与非政府组织之间以及各种社会团体之间的协调、沟通与共识，促成多领域的合作，达成符合全球性公民利益的行为。全球治理模式是一个持续发生的过程，通过这一过程，不同个体之间的相互冲突和不同利益都可以得到协调和解决。

"全球治理的主体范围扩大到了非政府组织、跨国公司、国际机构等多个方面，这些组织大范围地参与到国家和国际政府间组织的决策活动之中，非政府组织对政府组织的议事日程、政策导向、工作方针、行为目标都产生着直接和间接的影响。"❶ 这种新型的治理模式既承认政府之间的合作，又强调和提倡非政府组织、全球性国际组织和其他团体等多种国际行为体之间的合作。这种新型的治理模式不会受限于某个国家或政府的能力水平，多元化治理可以使民众福祉最大化。

但是全球治理理念在产生之初在世界范围内是存在争议的，因为最初的全球治理是以新自由主义理念为基础的治理方式，这主要体现为在美国和西方国家的推动和控制下，形成的西方化的治理模式。

最初的全球治理实质上是以西方为中心的治理理念，我们称其为西方治理体系。在从第二次世界大战结束至冷战结束这一段时期内，全球治理表现为西方治理，其内容主要包括两个方面：一是以联合国为中心的政治安全治理；二是以国际货币基金组织、世界银行、关贸总协定为载体的经济治理。其发展也经历了从布雷顿森林体系到七国集团的历史变迁。布雷顿森林体系是依赖于第二次世界大战后在世界经济中处于主导地位的美国，黄金和美元挂钩，对国际经济提供了有一定约束力的引导，将美欧等发达国家置于中心，发展中国家则处于边缘。20世纪70年代，遇到世界范围内的经济危机和美国霸权地位的相对衰落双重冲击，布雷顿森林体系开始衰败，其在西方治理体系中的核心地位逐渐被七国集团所取代，七国

---

❶ 叶江，甘锋. 试论国际非政府组织对当代国际格局演变的影响 [J]. 国际观察，2007，(3)：60.

集团是由美国主导，经济强国之间协调与合作，没有明确的规章制度，更多的是以接受西方经济制度为条件对发展中国家进行经济援助。在冷战结束后，世界格局发生了结构性变化，西方治理开始逐渐失去维系其合理性的政治经济基础。

国际格局发生结构性变化，现在的世界不再完全处于西方的主导之下，国际安全体系发生了重大变迁与发展，旧的国际秩序已经坍塌，新的国际秩序还在重构与演化。世界秩序正处于从绝对主导权模式过渡到相互依存相互交错状态，无秩序、新秩序和世界重塑交织在一起，大国之间博弈加强，地区冲突、国际热点事件不断。❶ 新兴大国开始崛起、各国之间的依赖加深、国内外问题的边界逐渐模糊，全球正步入一个大融合的世界。世界范围内出现大量的跨国和跨地区问题，需要各国各地区共同携手应对，于是西方治理开始转变为真正的全球治理。

冷战后的全球治理机制开始逐渐变革：稀释西方发达国家的长期主导权；调整重要地区或特定领域治理机制；创建全新的全球治理机制。推动治理模式发生变化的主要力量是对合作有更多需求的发展中国家，新兴国家及具有传统性、代表性的非官方治理组织。可以说，随着全球化的发展与新兴国家的崛起，全球治理的理念转移到了以服务全球民众的利益为基础的模式中。

但是任何变化都不是一朝一夕的，也不是轻而易举的，当西方国家的影响力在世界范围内逐渐衰退，以西方国家为主导的全球治理方式发生变化时，西方不甘心全球治理中心地位的衰落，开始运用各种方法阻碍全球治理的发展。原有的以西方为中心的稳固的全球治理的内部结构向新治理模式进行转型存在各种阻碍和压力。过去的全球治理主要以发达国家为治理主体，例如，很多有关全球治理制度的制定都是由少数大国控制和安排的，它们主导着世界银行、国际货币基金组织等机构。但是，当前条件下

---

❶ 史小今. 推进全球治理　共享世界和平安全——"共享安全：世界和平与全球治理"国际学术研讨会综述［EB/OL］.（2015-08-10）［2019-09-20］. http://lit.cssn.cn/dzyx/dzyx_list/201508/t20150810_2112488.shtml?COLLCC=2253787532&.

的全球治理融入了更多发展中国家的声音，以及正式的、非正式的组织力量，原有的治理主体发生了一定的改变。这些新生力量的参与，加深了全球治理的民主程度，也暴露了原有的全球治理主体结构中的缺陷，即在全球治理领域，少数西方发达国家是主导者，其他国家是追随者，少数国家是规则制定者，大部分国家是制度的遵从者，少数政府是治理主体，多数非政府组织的作用得不到体现，这些缺陷制约着全球治理体系的变革。世界在不断地发展推进，当今世界经济全球化不断加深，区域的一体化不断加强，国际范围内政治、经济乃至安全问题的解决都在呼吁全球治理结构的优化，呼唤新治理体制的变革，呼唤真正的全球治理。

过去以西方为中心的治理存在种种弊端，不利于全球性问题的解决，也不利于全球治理功能的发挥。如何更好地发挥全球治理的功能？一方面应正视全球治理不再是某些发达国家的权责。全球治理应建立在更高一层的基础上，让所有国家全部参与其中，以体现全球民众的根本利益为前提，以充分尊重不同的社会发展模式和价值观为目标。只有实现政府之间的合作，才能更好地解决全球性问题，实现全球治理的功能。另一方面，重视政府组织与非政府组织之间的合作。十余年来，政府组织逐渐重视非政府组织的力量和作用，例如联合国环境与发展大会，每次都会邀请很多非政府组织参会并讨论全球所面临的环境问题。非政府组织的优势在于它们可以提供更加专业的知识、技术，通过与非政府组织的合作，能得到更加广泛的政策建议并获得更多的信息，有助于政府组织更好地开展工作。全球治理在充分发挥国家合作的基础上，也要重视政府组织与非政府组织间的合作，研究最优的合作模式，让全球治理随着经济全球化的加深发挥更大作用。

三、全球治理中的中国角色

中国作为世界第二大经济体，在一些国际、地区热点问题上发挥积极作用是建立全球治理新秩序的最重要因素。对于中国来说，现有国际体系确实存在很多问题，中国需积极参与构建，使世界各国共享安全，共享和平，共享繁荣，这既符合世界大国的利益，也符合全世界各个国家的利益。随着国家发展和改革开放的深入，中国对于参与全球治理的认知、态度和角色定位逐渐发生改变，从消极被动转变为积极主动，从融入者演变为建设者，而中国与国际体系的磨合，不是短期、离合式的，很有可能是中长期的历史进程，将是国际制度在 21 世纪的一个重大变迁。

（一）中国特色全球治理理念

党的十八大以来，在以习近平同志为核心的党中央的领导下，中国更加注重参与全球治理，并逐渐形成一套中国特色的全球治理理念。（1）中国特色大国外交之路：将自身的对外政策与国际社会的发展紧密地联系在一起。（2）维护国际秩序和国际体系：坚持奉行正确而有效的全球治理机制和理念。（3）推动全球治理体制变革：变革不公正不合理的安排，推进全球治理规则民主化、法治化，使其更加平衡地反映大多数国家意愿和利益。（4）应对全球性挑战：面对日益复杂凸显的全球性问题，与国际社会的合作应对挑战，降低对全球发展构成的威胁和风险。

（二）维护全球和平与安全

当今全球安全治理的难度比过去有所加大，中国直面当前重大国际安全难题，努力树立中国在国际安全体系转型中的新角色并提出"共享和平，消除全球治理安全赤字"的主张。当然，在全球安全方面，世界各国安全仍然受制于大国对自身利益的追求和大国间的战略博弈。新一轮国际安全体系转型有着一定的中国背景，中国的大国地位也要求中国在国际安全的制度层面进行相应的设计与谋划，以顺应国际安全体系的转型及中国崛起的现实。在区域和平安全中，中国应该积极发挥自身的作用。

在实际行动上，首先，派遣维和人员。中国是联合国维和行动中派出官兵最多的国家之一，截至 2018 年，累计派出维和官兵 3 万多人次，支持联合国维和行动，加大对联合国的经费和人员支持，确保联合国机制下的维和行动取得预期效果。不仅是安理会常任理事国派出维和人员最多的国家，而且还建立了较为完整的维和培训体系。其次，支持政治解决热点问题。坚决支持政治解决热点问题的大方向，反对诉诸武力解决，在叙利亚问题、南海问题、半岛无核化问题上均支持谈判协商的方式解决问题。再次，重视核安全问题。习近平提出理性、协调、并进的核安全观，并提出促进核安全国际合作的五项倡议，积极参与核安全峰会，中美联合发表《中美核安全合作联合声明》。最后，推动完善亚洲地区安全框架。上海合作组织建立起高效完善的安全合作机制和法制化体系，在反恐、经济、民生合作方面树立起国际合作的新风尚，接任亚洲相互协作与互信措施会议主席国，推进各领域对话合作，加强地区安全机制协调，探讨构建符合亚洲的地区安全合作新架构。

(三) 推动全球经济繁荣

在全球经济治理方面，中国积极推动国际金融机制的改革和监督，力求塑造稳定、健康的国际经济环境。

1. 建设"一带一路"

中国提出"一带一路"倡议，推动各方加强规划和战略对接，成为中国为世界提供最大的公共产品，也是中国为全球经济治理创造最具影响力的中国方案。以共商、共建、共享为基本原则，已经有 100 多个国家和国际组织参与，40 个国家和国际组织与中国签署合作协议。携手"一带一路"沿线国家在自愿、平等、互利原则基础上，包容互鉴、共谋发展，以实现重振全球经济的目标。接纳各国政府、企业、社会机构和民间团体，同时与沿线各国发展战略规划对接，以贸易和投资自由化、便利化为纽带，以互联互通、产能合作、人文交流为支柱，以金融互利合作为重要保障，创造了多主体、多领域的互利合作新模式。传统的地缘政治学说实际上主要是为霸权服务的，中国的"一带一路"是一个"海陆和合"共建多元共存的国际关系体系。这种新的地缘政治价值理念有利于避免海洋国家与大陆国家的战略对抗，有利于发挥欧亚大陆边缘地带的地缘经济优势和桥梁作用。"一带一路"的安全风险，有传统的也有非传统的，这对中国的国家治理能力、治理体系，尤其在安全方面是重要考验。而"一带一路"提出来的"包容、共同、共赢、发展"理念不仅保证了国内的安全，也维护了国际的安全秩序。

2. 成功举办 G20 杭州峰会

2016 年 9 月 4 日至 5 日，二十国集团领导人第十一次峰会在杭州举行。本次峰会的主题为"构建创新、活力、联动、包容的世界经济"。举办二十国集团杭州峰会，充分巩固和发挥了二十国集团作为全球经济治理平台的作用，推动二十国集团在全球格局深度调整时代向长效治理机制转型。此次峰会为世界经济指明方向，为全球增长注入动力，为国际合作筑牢根基，提高新兴市场和发展中国家在全球治理中的代表性和发言权，为二十国集团合作和全球发展治理的伙伴关系构筑广泛的社会基础。

3. 提高国际经济话语权

在国际货币基金组织中，发达国家份额整体降至 57.7%，发展中国家升至 42.3%，发达国家向新兴市场和发展中国家整体转移份额 2.8 个百分点，中国份额占比升至第三位。人民币正式加入国际货币基金组织特别提款权（SDR）货币篮子，获得特别提款权，成为后布雷顿森林体系时代第一个真正新增的篮子货币，也是第一个来自发展中国家的特别提款权（SDR）货币。● "世界银行 2018 年 4 月在美国华盛顿召开的春季年会期间宣布，中国在世界银行投票权升至第三位，从 4.45% 上升至 5.7%，仅次于美国和日本（分别降至 15.87% 和 6.83%）。中国在世界银行的投票权比重不断提高，反映了中国在世界经济中的比重不断增长，中国在国际中的

● 中国 IMF 份额跃至第三匹配人民币入篮 SDR［EB/OL］. (2015-12-21)［2020-06-13］. http://finance.eastmoney.com/news/1351, 20151221577495582.html.

话语权也在不断提高。"❶

4. 建立自由贸易区

中国正在绘制一份气势磅礴的自由贸易区网络图，该网络将立足周边，辐射"一带一路"，最终面向全球。中国在建的自贸区有 20 个，涉及 32 个国家和地区，已签署自贸协定 14 个，涉及 22 个国家和地区，正在谈判的有 7 个。自由贸易区体现了中国坚持开放自由贸易的基本方向，在整合地区自由贸易谈判架构，完成自贸区建设，推动经济一体化上发挥了重要作用。

5. 加强区域经济建设

积极参与金砖国家领导人会晤、安全事务高级代表会议、外长会晤、专业部长会晤、协调人会议、常驻多边机构使节不定期沟通以及各领域务实合作在内的多层次合作。中国遵循金砖国家开放透明、团结互助、深化合作、共谋发展原则和"开放、包容、合作、共赢"的金砖国家精神，致力于构建更紧密、更全面、更牢固的伙伴关系。与金砖国家一起努力提高发展中国家在世界经济发展中的占比，成为促进世界经济增长、完善全球治理、促进国际关系民主化的建设性力量。

推动成立博鳌亚洲论坛，为亚洲经济和未来发展提供了政治、经济等跨领域思想交流的平台，促进亚洲国家之间的沟通。

提出澜湄合作机制。2015 年，中国、泰国、柬埔寨、老挝、缅甸、越南六国外长就进一步加强澜沧江—湄公河国家合作进行深入探讨，达成广泛共识，宣布澜沧江—湄公河合作机制正式建立，这一机制相互补充，相互促进，相辅相成，协调发展，发挥各国优势，共同促进次区域的发展繁荣。事实证明，澜沧江—湄公河合作正在为带动和促进其他次区域合作发展发挥积极作用，成为亚洲次区域合作的新标杆。

---

❶ 世界银行确认增资 130 亿美元 中国投票权升至第三位 [EB/OL]. (2018-04-23). http://finance.sina.com.cn/stock/usstock/c/2018-04-23/doc-ifznefki0630151.shtml.

（四）全球发展治理

不断推动全球治理的民主化、法治化及合理化。习近平在和平共处五项原则发表60周年纪念大会上的讲话中提到，应共同推动国际关系民主化，"垄断国际事务的想法是落后于时代的，垄断国际事务的行动也肯定是不能成功的"；应共同推动国际关系法治化，推动各方在国际关系中遵守国际法和公认的国际关系基本原则，用统一适用的规则来明是非、促和平、谋发展；应共同推动国际关系合理化，适应国际力量对比新变化推进全球治理体系改革，体现各方关切和诉求，更好维护广大发展中国家正当权益。❶

中国全力推进全球可持续发展，2015年联合国发展峰会通过《2030可持续发展议程》，G20杭州峰会推动各方承诺积极落实2030年可持续发展议程，并制定了落实2030年可持续发展议程行动计划。2016年4月，中国发布《落实2030年可持续议程中方立场文件》，7月参加了联合国首轮国别自愿陈述，9月率先发布了《中国落实2030年可持续发展议程国别方案》，成为诸多国家的参考。

继续支持和帮助广大发展中国家。截至2018年，我国累计向166个国家和国际、区域组织提供4000多亿元人民币的援款，为发展中国家培训各类人员1200多万人次，成立中国国际扶贫中心，宣布给予同中国建交的39个最不发达国家部分商品零关税待遇，免除49个最不发达国家和重债国的债务。2020年初，全球爆发新型冠状病毒疫情，我国在控制本国疫情的前提下，践行"人类命运共同体理念"，不断援助发展中国家，"据国新办发布会消息，截至3月26日，中国已分4批对89个国家和4个国际组织实施抗疫援助。从地域分布看，中国向28个亚洲国家、16个欧洲国家、26个非洲国家、9个美洲国家、10个南太国家提供紧急物资援助。中国还长期派驻56个国家的援外医疗队积极协助广大发展中国家开展疫情防控工作，中国政府发布了7版新冠肺炎诊疗方案、6版防控方案，总结抗疫经

❶ 习近平.弘扬和平共处五项原则，建设合作共赢美好世界 [N].人民日报，2014-06-29 (2).

验，翻译成多国文字，同世卫组织和国际社会分享。"❶

助推全球应对气候变化行动取得重大进展。中美合作带动全球 186 个国家主动提出了气候行动，并最终促成具有历史意义的气候变化全球协议《巴黎协定》。2016 年的中美两国元首会晤更是明确签署协定，鼓励《联合国气候变化框架公约》其他缔约方共同采取行动，使协定尽早生效。中国是第一批向联合国交存《巴黎协定》批准文书的国家。中国承诺在 2030年实现减排 65% 的目标，并将绿色发展理念纳入"十三五"规划。

推动国际人权合作。解决了 13 亿多人口的温饱问题，减少 7 亿多贫困人口，为 7.7 亿人提供就业，实现九年义务教育全覆盖，人权成就举世瞩目。在人权理事会成立的 13 年时间里，三度担任理事会成员，倡导国际社会重视发展中国家关心的问题。推动国际人权合作聚焦发展中国家最关切的生存权和发展权。

中国愿意在全球治理中承担大国责任，发挥积极作用，但是，中国的软实力还没有跟上硬实力提升的速度，中国真正成为全治理体系重要参与者、建设者的角色时间并不长，对于国际机制仍然有较大的学习和适应空间。中国在全球治理中，一方面受到来自旧秩序的阻力，当前西方发达国家仍然具有优于发展中国家和新兴国家的主导力量，中国作为发展中国家的代表，既要为发展中国家争取更多权利，又要承受来自发达国家对变革的阻力。另一方面，中国在参与全球治理中仍面临诸多挑战，如"中国威胁论"。尽管中国在参与全球治理的各种场合中不断重申和阐释和平发展战略，但国际上对中国的参与仍存在各种不同的解读，"中国威胁论"一直不绝于耳。尤其是近年来，随着中国国家实力的迅速上升，"中国强硬""中国试图改变国际秩序"等说法更是司空见惯。可见，中国参与全球治理的道路任重而道远，需要紧跟时代精神、合作共赢、包容共享，为全球治理提供中国智慧和中国方案。

---

❶ 中国持续援助发展中国家战疫 [EB/OL]. (2020-04-04) [2020-06-13]. 人民网-人民日报海外版，http://world.people.com.cn/n1/2020/0404/c1002-31661621.html.

　　综上所述，全球治理的最终目标是通过多国之间、政府组织与非政府组织之间以及各种社会团体之间的协调沟通，促成政治、经济、安全等领域的合作，有效筹集和配置全球公共产品来最大限度地满足各国人民的利益。虽然全球治理的理论和实践还有待发展，尤其是在一些重大问题上尚存在争议，但随着全球化进程的日益深入，人类所面临的经济、政治、生态等问题则越来越具有全球性，需要国际社会的共同努力，全球治理具有十分积极的意义。

第二篇

实　践　篇

| 第四章 |

美国等国家网络空间合作治理战略

当前，网络空间在全球政治、经济、军事、人文等各方面发挥着日益重要的作用。世界主要国家高度重视这一全新领域，大力建设和发展网络空间，加强网络空间合作治理的战略规划。在建设和发展网络空间方面，明确本国网络空间发展方向和建设目标，出台本国网络空间战略与政策，推进相关制度创设、技术创新和作战力量构建。在网络空间合作治理战略方面，推进国际交流与合作，力图在塑造世界网络空间新格局进程中抢占有利位置。本章对西方主要国家的网络空间合作治理战略及实践进行阐述分析，进而梳理西方国家开展网络空间合作治理的战略举措，为我国加强网络空间国际合作，促进网络空间健康发展，实现网络强国战略提供有益的借鉴和参考。

一、美国网络空间合作治理战略

美国作为发达国家的代表，在经济发展水平、互联网的普及度，以及信息技术的发展速度等方面具有较大优势，其网络空间的发展优于其他国家。随着网络空间技术的快速发展，美国不断加强自身网络维护力量建设，深化网络空间国际合作，在采取各种措施维护本国网络安全，保障国家网络空间健康发展的基础上，不断推进网络空间合作治理战略。作为网络空间发展的策源地和引领者，美国的互联网普及率、互联网对国内生产总值的直接贡献比例和个人消费占互联网经济的比例均位居世界前列，互联网成为美国政治运作、经济运行、军事安全、文化交流等各个方面的主要媒介，网络空间的快速发展给美国带来巨大利益的同时，也使美国不得不在网络安全、网络技术创新与研发等领域中面临新的问题、威胁和挑战。因此，美国积极调整国家战略，在国家基本政策层面大力加强网络空间的利用和控制，并将网络空间放到国家安全的战略高度，加强国内各部门合作的同时积极倡导国际合作，形成由《网络空间国际战略》《网络空间可信身份识别国家战略》《网络空间行动战略》等组成的网络空间合作治理战略体系。该体系明确了美国在网络空间中的国际地位，确定了网络空间行动的方向和准则，体现了美国掌控世界网络空间主导权、建立国际新秩序、拓展国家利益的战略企图。❶

（一）美国网络空间合作治理战略的目标及实质

第一，美国网络空间合作治理战略的主要目标是通过网络空间的国际协作，构筑开放、互通、安全、可靠的网络空间环境，保障国际贸易和商业，加强全球安全，促进言论自由和创新。一是推动国际信息与通信技术标准的协调发展，实现信息的自由流动，确保网络空间的开放和互通；二是减小网络的脆弱性，降低全球网络风险，加强网络空间的信息技术共享，增强应对网络突发事件的能力，确保网络空间的安全性和可靠性；三是倡导制定相关网络空间合作秩序，达成网络空间行为规范的共识，确保网络空间伙伴关系的稳定性。

第二，美国网络空间合作治理战略的实质是通过控制国际网络空间的主导权，维护其网络安全和世界霸主地位。信息与网络控制权在当前信息化高速发展的今天发挥着越来越重要的作用。对于美国来讲，掌握了信息，控制了网络，就能掌握整个世界。因此，美国网络空间合作治理战略是美国维护霸权地位的重要手段。首先，掌握网络技术的发展与创新优势。一是掌握着全球互联网的域名解析权。通过控制网络世界的门牌号控制网络空间，从中谋取重大经济与战略利益。二是控制互联网根服务器。三是利用软、硬件制造能力和先进技术谋求政治利益。其次，在网络空间合作过程中制定标准和规则来获取网络控制权。美国将现有的对西方有利的国际法和国际规则应用到网络空间领域的合作中，实质上就是主张把现实中的美国霸权条款搬到网络空间。最后，通过网络空间合作治理战略，试图进行价值观输出。美国主张在国际合作中支持信息的自由流动，但其实质是借助"自由"的幌子输出自己的价值观，通过主张网络信息自由向其他国家渗透，企图实现意识形态的和平演变，最终达到对这些国家的控制，实现其网络霸主的图谋。

（二）美国网络空间合作治理战略的主要内容

美国通过七个领域的重点建设形成了网络空间合作治理的框架体系，进而推动美国网络空间合作治理战略的深入发展。

一是加强网络经济领域合作。维护自由贸易环境；鼓励全球互联的网络技术创新；保护知识产权；主张由技术专家制定互通、安全的技术标准，开发国际化的、自愿的和共同认可的网络安全标准，并且确保这些标准的产品、流程和服务是建设互通的、安全的和富有活力的全球基础设施的基础。为此，国有机构和私有机构必须协同工作来开发、支持和实现这些标准，并且支持国际标准的开发，用以消除国际贸易和商业的障碍，促进构建创新、开放的经济环境。

二是加强网络安全领域合作。为构建安全稳固的网络，美国在双边、多边组织和多国伙伴关系的范围内推动网络空间合作，特别是促成网络空间行为规范达成共识。美国努力通过以下多边框架和平台开展网络合作活动：美洲国家组织、欧盟、联合国、经济合作与发展组织等，就关键的网络空间行动和行为规范努力促进区域和国际的意见达成一致；同时，美国联合政府部门、私有机构保护美国网络不受侵入和破坏，国际上联合美国的盟友自觉保护网络；通过增强网络基础设施的应对和恢复能力及高科技供应链的安全性，提升美国及全球网络空间的安全性、可靠性和灵活性。

三是扩大网络执法合作。积极参与制定打击国际网络犯罪的政策规范；积极参与有关网络犯罪的双边和多边讨论；通过推广《布达佩斯公约》协调国际网络犯罪法律，美国依靠盟友和其他国家的协助调查、起诉网络犯罪；以公约为模板形成共同的法律，加强法律协作；参与对话并在世界范围内建立执法机构的能力；协调执法提升国际打击网络犯罪能力；美国通过技术手段和国际合作框架，跟踪和打击恐怖分子及网络金融犯罪。

四是加强军事领域网络信息共享。为巩固现有军事联盟和伙伴关系，建立并加强已有的军事联盟应对网络空间威胁，美国不断扩展与盟国信息共享的预警系统，提升网络空间合作能力，开发共同的防御方式和方法，增强整体威慑能力，同时加强武装力量的合作和信息共享与交流，增加共同安全。

五是加强网络空间管理合作，加强各国合作交流，改进有效、包容的多方管理机构。美国通过一系列行动致力于优先互联网的开放性和创新性，包括向多方机构和组织及相关跨政府和非政府组织提供服务，加强互联网监管领域的讨论，继续支持成功的对话平台，营造多方平等讨论互联网管理的环境氛围，维护全球网络的安全与稳定。

六是加强网络技术研发领域的合作。一方面，美国通过为其他国家提供有关网络技术能力的知识、培训和其他资源，帮助其他国家借鉴、分享美国网络安全实践经验，以提升应对网络突发事件的能力。另一方面，在网络技术研发与创新领域，提供国家间学术与技术交流的平台，加快多边合作，加强对关键信息基础设施的保护。

七是加强网络自由的合作。一方面，美国鼓励民间社会行动者获得可靠安全的言论和结社的平台，鼓励国际民间社团和非政府组织合作，保障他们不被非法侵入。另一方面，鼓励国际间有效保护网络空间商业数据隐私的合作，美国致力于建立互相认可的法律以达成共识，强化合作以保护隐私和促进创新。此外，美国主张在互联网上传输的数据信息跨越国界，自由完整地被接收，为此保证所有人端到端的互联网互通性。

（三）美国网络空间合作治理战略的实践路径

第一，通过外交强化网络空间合作关系。美国致力于参与国际社会的对话，就网络空间的行动及原则在国内和国际达成一致，建立一个稳定的网络空间合作治理体系。通过国际交流和同盟关系，推动国内外私营机构密切合作，建立多边合作和多国负责的国际环境，实现网络空间的稳定。主要采取以下几种形式：构建双边与多边的网络空间合作机制；加强国际组织及多方利益组织的网络空间合作；加强与各方私营部门在网络基础设施建设与运营的合作。具体来说，一是继续加强与英、日等传统盟友的合作。将网络安全合作纳入传统的盟友关系，同时还借助其外交、军事、技术标准在全球争取国际盟友的支持，如在二十国集团倡导发展伙伴关系。把加强与盟友及伙伴的网络空间国际合作作为网络空间战略的重要内容。二是拓展新的国际盟友。加强其网络空间联盟，并发展新型伙伴关系。比如，美国发起创设的《开放政府伙伴关系计划》《自由网络联盟》等都有不少国家加入。三是加强与北约、欧盟等国际组织的合作。继续发挥在北约等传统国际组织中的主导作用，积极倡导北约成员国内部的网络合作与交流。2012 年，美国与欧盟通过双边磋商，同意就网络战争和网络安全问题在联合国裁军和国际安全委员会进行谈判，标志着美欧网络空间安全合作迈出了实质性步伐。

第二，通过军事维护网络空间合作。美国的防御目标是与其他国家合作，鼓励负责任的行为，打击破坏网络空间的行为，遏制恶意破坏，保护国家安全。一方面，整合国内力量，协同政府部门、私有企业和个人的行动，实现信息和风险态势的感知共享，构建危机处理和安全事故响应机构，增强国内网络防御能力。另一方面，整合国外力量，美国将通过教育、培训及技术能力共享，拓展与友国和盟国的合作，支援不发达国家构建网络空间防御能力，提升国际社会的整体安全。此外，实施军事威慑，加强立法、司法和执法的国际合作，对威胁国家安全的网络空间攻击行动，保留使用一切手段的权利，保护美国及盟友、合作伙伴的利益。

近年来，美国围绕着全面提升网络攻防能力，大力开展网络战演练，已经具备了应对网络战争的实战能力。尤其是从 2006 年以来，每两年都由国土安全部牵头组织一次跨部门、跨国的代号为"网络风暴"的系列演习，以检验美国和盟国网络安全及应对网络攻击的能力。2010 年组织的"网络风暴 III"演习，是美国网络司令部成立后首次跨部门演习，模拟了"一些关键基础设施遭受大型网络攻击"的情景，美国 11 个州、60 家私营企业、数千名网络安全专家参加。同时澳大利亚、英国、加拿大、法国、德国、日本等 12 个国家也通过互联网共同参演，规模空前。

第三，推动网络技术国际合作。美国的发展目标是通过多边组织促进国际网络安全能力的建设，以实现战略目标密切合作关系。首先，加强网络技术能力建设，提高其安全性和商业价值，维护信息自由流动，提升全球网络的互通性；其次，加强网络安全能力建设，提供必要的法律援助、技术培训与政策支持。再次，拓展合作方向与关系，将推动合作的方向由能力建设向经济、技术、执法等更多领域转化，继续促进网络空间经验、做法和技术的交流。比如，美国大力推广《打击网络犯罪布达佩斯公约》，该公约内容包括保护人权和打击网络犯罪的举措。美国希望通过增加布达佩斯会议成员国来协调网络空间的国际法律，并通过与盟国之间建立起证据共享、引渡罪犯和其他类型合作的相关法律框架，保证美国在网络空间中的自由行动。

二、其他发达国家的网络空间合作治理战略

除美国外的其他发达国家，如英、法、德、日等国家也高度重视网络空间的发展，纷纷结合本国实际加紧制定或调整网络空间对外战略部署，积极参与网络空间国际合作与交流。

（一）英国的网络空间合作治理战略与实践

当前，英国的网络空间建设和信息化技术飞速发展，总体上处于世界先进水平。随着网络空间的快速发展，英国对网络空间的依赖性也越来越强。英国已经将关键性部门、关键产业领域通过网络联成一体，形成"关键性基础设施"，包括政府系统、电力、交通、能源等部门的信息系统。基于这样的信息系统，英国的政治、经济、军事、人民生活等各个层面都和网络空间发生着越来越紧密的联系，人们的生活越来越依赖网络空间。而英国在享受网络空间所带来的便捷和效益的同时，也不得不面对网络空间所带来的风险与挑战。2011年，英国政府发布了《网络安全战略》，主要论述英国如何通过综合建设和使用网络安全力量，追求网络安全优势，还试图通过构建安全和充满活力的网络空间，促进英国的经济繁荣、国家安全和社会稳定。2013年，英国内阁办公室发布《国家网络安全战略目标的进展》和《我们的未来计划——英国网络安全战略报告进展》，评估了近两年英国在落实《网络安全战略》方面取得的成效。评估结果表明，英国基本实现了2011年《网络安全战略》所确定的目标，在打击网络犯罪、促进经济增长、保护网络空间利益等方面取得了很好的实施效果。

在制定本国网络空间发展战略的同时，英国政府认为，维护网络空间安全不能只局限于英国，而要建立开放的、稳定的和安全的互联网环境，加强网络空间的国际交流与合作，推动构建网络空间合作治理战略。

首先，积极建立统一的、服务于网络空间合作治理的协调机构。在英国看来，要确保英国在网络空间的利益，仅仅凭借单个部门之力很难实现，必须建立起一个横跨政治、经济、军事、文化各领域的庞大而又有序的网络安全机构体系。而这个机构体系的建立与有效运转，离不开政府间的跨部门协作甚至是国际合作。为此，英国组建了网络安全行动中心和网络安全办公室，主要服务于跨部门协作和国际合作。网络安全行动中心是一个多部门的机构，主要工作是及时发现网络信息威胁，确保政府部门、各行业、国际合作伙伴及公众间的情报分发。网络安全办公室的主要工作

则是为政府间的网络信息安全事务提供战略领导，通过跨政府网络安全方案推进战略决策的实施，并负责参与国际性的协作。❶

　　其次，加强网络空间双边和多边的合作关系。英国通过欧盟、北约、英联邦及其他实体的工作，不断开展在网络空间领域的双边及多边的国际合作。在发展网络空间双边合作关系中，英国特别提到美国和法国，尤其是把美国视为最亲密的伙伴，积极配合美国的网络战略，特别是近年来两国多次举行高级别的网络安全演习，保持着深层次的信息互通。同时提出要在更大范围同更多国家发展双边合作关系，如德国、意大利、荷兰、西班牙，及与土耳其、印度、日本等国家发展深化双边安全伙伴关系并积极构建长期存在的情报与信息伙伴关系网络。此外，英国也积极加强与中国和俄罗斯及一些快速增长的新兴经济体之间关于网络空间双边合作关系，尤其是加强在网络安全的对话。在网络空间多边合作关系中，英国不断强化其在联合国安理会、国际金融组织、欧盟、北约、八国集团等组织中的核心地位，并要进一步增强在各国际及地区组织中的影响力。2014 年 6 月，英国成为北约合作网络防御卓越中心的正式成员，为北约网络防御工作积极倡议，同时积极与欧盟成员国和研究机构共同研究推出新的欧盟网络安全战略。

　　再次，积极谋求在网络空间合作治理中的话语权。英国积极发挥在网络空间行为规范制定过程中的主导作用。一是在欧洲安全和合作组织中推动建立网络空间的信任措施，并大力推动这一措施的发展以增强成员国间的理解、信任和合作。二是积极制定并推广网络安全组织标准。积极鼓励企业采用该标准，并与美国合作，加强标准间的互通，以增加标准的使用范围。三是举办高级别的网络空间国际会议。在关于网络空间的"伦敦进程"系列会议上，英国被确定为"广泛网络问题"上的领导者，特别是在国际网络安全能力构建上。

　　最后，强化网络空间安全合作治理。英国为强化网络安全能力，大力

---

❶　汪明敏，李佳.《英国网络安全战略》报告解读 [J]. 国际资料信息，2009 (9)：10.

推进与其他国家的网络空间执法合作，加强有关网络犯罪的跨国执法合作。2011 年 5 月，英国议会正式批准了布达佩斯打击网络犯罪的公约，截至 2013 年 11 月，已有 40 个国家成为打击国际网络犯罪协定的签约国，另有 11 个国家正在履行相关缔约手续；英国还为网络空间国际合作提供资助，如资助旨在构建检察官专业知识体系和能力的全球检察官电子网络建设；投资全球网络安全能力中心为惩治网络犯罪提供服务。2018 年 4 月，联合国网络犯罪政府专家组第 4 次会议在维也纳举行。进一步拟定《网络犯罪问题综合研究报告（草案）》，新增了资产追回规则预防和打击网络空间的犯罪和其他国际不法行为的措施，细化了国际合作的规则。

（二）法国网络空间合作治理战略与实践

法国是欧盟的创始国之一，同时也是欧洲大陆的传统强国。据统计，法国家庭互联网用户为 74%，高于欧盟 68% 的平均水平。尤其是法国企业互联网的用户比例高达 97%，高于欧盟 94% 的平均水平。在个人用户的网络安全意识方面同样高于欧盟平均水平，73% 的个人用户使用专业网络保护工具，远高于欧盟 59% 的平均水平。然而，在企业网络安全政策方面，法国却以 22% 的水平低于欧盟 26% 的平均水平。由此数据我们可以看出，法国在网络空间领域现实与政策发展不均衡。❶

2011 年 2 月，法国颁布了第一份网络空间安全战略报告《信息系统防御与安全：法国战略》。在报告中，法国提出了网络空间发展的四大战略目标：“成为网络安全强国；保护主权信息，确保决策能力；国家基础设施保护和确保网络空间安全”❷。其中，首要目标是成为与美、英等国齐肩的网络安全强国。而要成为网络强国，法国政府认为只有进入网络空间的第一阵营，才能在与高手之间的合作交流中获益，比如盟国之间漏洞信息的实时交换、防护机制和方法的交流，等等。因此，法国提出要与最密切

---

❶ 张伟. 法国互联网产业的发展趋向 [J]. 中国记者, 2017（4）：123.
❷ 胡兵，桑军. 引吭高歌的高卢雄鸡——法国网络信息安全战略浅析 [J]. 中国信息安全，2012（7）：52.

的盟国，尤其是与欧盟及国际组织加强网络安全政策方面的国际合作。❶

法国通过以下几个方面大力推进网络空间合作治理战略。一是加强网络空间双边与多边合作。法国与德国长期以来在网络空间方面进行双边合作，2010年2月召开的法德第十二届部长会议，确定了未来几年法德两国在网络空间的合作路线图，两国同意采取举措共同加强打击网络攻击行为，并在国际论坛中加强合作。同年5月，法国参加美国举办的"网络电磁风暴Ⅲ"演习活动。此次演习有13个国家和60家私营公司参与，目的是针对网络空间技术危机制定出协调一致的应对手段。二是积极参与网络空间联合演习。法国积极参加"欧洲网络电磁2010"演习，模拟了对欧洲互联网互联节点的大规模攻击。同时法国也积极参与北约网络电磁防御演习，进一步协调军民网络电磁防御手段。2014年，法国参加欧盟举办的欧洲最大、最复杂的，旨在衡量欧洲地区对抗大规模网络攻击能力的"网络欧洲2014"联合演习及参与北约历史上最大规模的"网络联盟"防御演习，通过网络攻击事件中的信息快速共享，来检验参演国的网络防护能力。三是积极参与"欧洲政府计算机应急响应小组"团体。该团体旨在开发其成员国应对危机的有效合作方式，增强相应的信息共享技术手段，确定可共享的专业技术知识和人才，加强与其他组织机构组织的联系。

除此之外，法国加强与各国政府的信息共享，强化在打击网络犯罪方面的国际合作。在操作层面上，仔细考虑与精心挑选可信赖的合作伙伴，进行更加深入的网络空间合作。尽管法国的战略企图并未像美国政府那样鸟瞰全球，引领潮流，但却根据法国自身特点进行了量身定制。

(三) 德国网络空间合作治理战略与实践

德国是欧洲重要的信息化强国，其网络信息技术及网络空间建设与运用在欧洲处于领先地位。因此，德国一直以来都非常重视信息化建设和网

---

❶ 胡兵，桑军. 引吭高歌的高卢雄鸡——法国网络信息安全战略浅析［J］. 中国信息安全，2012（7）：54.

络安全方面的维护。

1999 年，德国制定了首个信息化战略行动计划《21 世纪德国信息社会》。2006 年，制定了《德国信息社会行动纲领》，明确了信息化建设的目标，强调政府要通过创造环境，实行政府与产业界及社会各界的合作，形成向信息社会的转移。2010 年，又制定了《2010 年德国信息社会行动纲领》，制定和实施了信息化发展战略，网络空间获得了较快的发展。为了有效应对网络空间的风险和挑战，大力推进网络空间的快速发展，德国政府于 2011 年 2 月公布了《德国网络安全战略》，该战略认为加强国际合作是确保德国网络安全的框架条件之一。德国认为网络空间是相互关联的全球系统，其他国家发生的网络空间事故也可能间接地影响到德国，只有加紧制定与执行国际行为规则、标准和规范，国内外政策措施兼顾，才能真正维护网络安全。❶

对于德国政府来说，实现网络空间安全是德国网络空间合作治理的重点。在致力于维护网络安全方面，德国制定了两项基本原则。第一，网络空间安全措施的制定，既要确保网络的畅通与开放，又要有效保护重要的信息数据。这些措施需要国家在内、外两个层面努力，需要世界各国的共同努力。第二，加强网络空间的信息共享。一方面，积极关注国内网络安全的民用方法和措施，加强政府与私营机构及民间组织的技术合作；另一方面，通过信息和通信技术的全球性，增强网络空间的国际协调。国际协调既包括在联合国范围内开展的网络空间国际合作，也包括在其他跨国组织中开展的网络空间国际合作，进而确保国际社会有能力采取一致行动，保护网络空间。德国推进网络空间合作治理战略的具体实践表现在：在网络空间信息基础设施的合作治理中，重点在于执法权和重要信息保护的重要作用。在网络空间合作秩序方面，积极参与制定和执行国际行为规则、标准和规范，强调网络空间合作中关于网络安全的民事与军事防护措施。通过国际层面的相互合作，确保网络空间合作的正常运转。同时，进一步

---

❶ 程群，胡延清.《德国网络安全战略》解析［J］. 德国研究，2011（3）：25.

加强网络空间合作治理的国际协调与合作。德国进一步推进与欧盟各国的通力合作，推进欧盟内部安全战略与数字议程；依据欧盟的《网络犯罪公约》规则指导，打击网络犯罪行动；遵循多元的办法与主权评估和决策权相一致的原则，确立国际网络行为准则，指导国际网络安全合作；支持八国集团反僵尸安全计划行动，支持北约有关网络安全的规定；积极参加国际网络安全治理。❶

(四) 日本网络空间合作治理战略与实践

日本是亚洲信息与网络技术最发达的国家，也是亚洲最早在经济领域和社会生活中应用信息技术的国家。日本一直以来高度重视网络安全的维护，随着国际范围内网络安全问题日益突出，日本政府进一步提升对网络安全保障的重视程度，强调将网络空间安全作为日本综合安全保障体系的核心，并逐步确立起建设世界一流的"信息安全先进国家"和"网络安全立国"的国家战略目标。同时，积极参与在网络空间的国际合作，推动网络空间合作治理战略。

首先，日本颁布了网络空间国际合作战略文件。2013 年 6 月，日本出台了《网络安全战略》，提出网络安全立国目标。该网络空间国际合作战略文件的颁布致力于把日本塑造成网络空间强国。此后，日本又相继出台各类战略、计划、政策等 21 份，快速推进网络空间安全建设。随着网络安全问题日益复杂和全球化扩散，网络攻击已成为各国网络空间安全的新威胁。日本高度重视网络空间领域的国际合作，进而增强维护网络安全、应对网络威胁与挑战的能力。2013 年 10 月，日本"信息安全政策会议"首次发布《网络安全国际合作方针》，阐述了日本网络空间国际合作的目标、原则、重要举措，提出建设国家间网络空间合作机制。在该战略中，日本强调了网络空间国际合作的重点领域：加强网络空间突发事件的响应能力，成立计算机安全事件响应组并组织演习；建立各国网络安全主管部门

---

❶ 程群，胡延清.《德国网络安全战略》解析 [J]. 德国研究，2011 (3)：30.

信息共享和应急协调机制，推进网络空间国际合作全球框架建设；加强各国网络空间事务处理能力建设，提升全球网络安全标准，通过国际合作发展应对网络威胁的先进技术；推动网络空间国际规则制定，积极参加各类多边框架下的网络空间政策制定和能力建设磋商，传播日本的网络安全基本原则和政策等具体主张。❶

其次，不断加强与其盟国间的网络空间合作。一是加强与欧美国家的合作。日本已开始与美英等国围绕加强网络攻击的应对措施进行协商，重点是强化与同盟国美国的深度合作。日本以日美同盟为基础，不断强化与美国的网络空间合作。双方通过网络安全对话、网络相关政策磋商等，不断深化在信息共享、人才培养、网络事件应对及技术研发等方面的合作。2013 年 5 月，日美两国在东京举行第一次日美网络安全对话。2014 年 4 月，日美两国政府在华盛顿举行了第二次日美网络安全对话。双方将网络攻击纳入国家安全保障范畴，并就推动两国关键基础设施防卫合作问题达成一致。两国政府决定把网络安全问题作为一个新的合作领域，拟开展更密切的合作。此外，日本也积极加强与英国的合作，加强与英国的双边网络对话，并就构筑网络安全领域的合作体制展开磋商。二是加强与亚太国家网络空间的合作。日本以地缘政治战略为基础，积极强化与亚太地区国家在网络空间领域的合作。近年来，日本不断加强与马来西亚、越南、印度等国的双边合作，在应对网络攻击和信息共享方面达成共识，同时在网络对话的基础上加强与这些国家的合作伙伴关系。

再次，推进网络空间多边合作框架体系的建立。除了与盟国巩固合作关系，日本还积极与国际组织和区域组织合作，开展多国框架合作。一是积极推进网络空间国际规则的制定。2014 年 4 月，日本与欧盟发表联合声明，明确表示，日本与欧盟将建立网络空间对话机制。2014 年 5 月，日本还与北约签署了名为"日本和北大西洋公约组织共同政治宣言"，其中涉及网络安全的合作协议。在与东盟的网络空间合作方面，近年来双方通过

---

❶ 卢英佳，吕欣.《日本网络安全战略》简析［J］. 中国信息安全，2014（4）：110.

举办网络安全会议、开展信息安全培训班等形式，不断深化网络空间的合作。其中，开始于 2009 年的"日本东盟信息安全政策会议"，重点是加强日本与东盟的信息共享。2013 年的"日本东盟网络安全对策部长级会议"，重点加强网络攻击等信息安全领域的合作。日本还为东盟 8 个国家提供信息安全管理国际标准培训。❶ 二是日本积极推进全球网络空间合作框架的构建。日本通过推进构建全球的网络空间合作框架，不断加强关键基础设施的维护和提升处置突发事件的能力。日本在与国际刑警组织等在网络空间的合作中不断提升跨国打击网络犯罪的整体实力。此外，日本通过亚太地区计算机应急响应组深化应对网络突发情况的合作。

最后，积极打造在全球网络空间合作治理体系中的有利地位。在网络空间全球化的背景下，日本积极谋求构建"世界领先的"网络空间，并尝试在这个战略空间内占据有利位置和发挥自己的作用。日本通过加强网络空间对话机制构建，积极参与国际准则的制定和推广，积极拓展海外市场，加强对别国的技术支持和培训，以及建立信任措施，提出增加协调国际性安全事故的参与国数量等，不断强化其在网络空间合作治理体系中的影响力，为其网络力量的国际化、专业化作铺垫，提升以高技术信息化武器装备的网军的网络威慑能力，进而提高其国际地位，争取更多在网络空间的国际话语权。

---

❶ 韩宁. 日本网络安全战略 [J]. 国际研究参考，2017（6）：35.

|第五章|
主要发展中国家网络空间合作治理战略

今天，网络空间的浪潮席卷全球，西方国家在大力发展和推动网络空间合作治理战略的同时，以俄罗斯为代表的主要新兴国家也纷纷加入这个具有重大战略意义的领域中，不断发展本国网络空间技术，积极推动网络空间合作，谋求建立更加公正、合理的网络空间合作治理体系。这其中，俄罗斯、印度、巴西等新兴国家纷纷分享全球网络空间国际规制权和话语权，在加速发展本国网络空间技术的同时，积极寻求网络空间合作，推动网络空间合作治理体系的构建，进而全面应对网络空间带来的机遇与挑战。

一、俄罗斯的网络空间合作治理战略

俄罗斯一直以来都十分重视网络空间的建设和发展，尤其是高度注重网络安全的维护，使其在网络空间发展方面积累了丰富的经验。当前，随着俄罗斯本国网络空间发展战略的不断推进，俄罗斯已经成为欧洲互联网用户最多的国家之一，在此基础上，俄罗斯积极谋求推动其网络空间合作治理战略。

（一）俄罗斯的网络空间国际战略的基本内涵

2014年，俄罗斯颁布了新版《俄罗斯联邦军事学说》和《俄罗斯联

邦网络安全战略构想》，这两份文件为俄罗斯的网络安全建设指明了方向。❶ 在这些战略文件中，俄罗斯提出了自己的网络空间合作治理战略，即在维护本国网络空间安全和利益的基础上扩大国际合作，制定和完善网络空间相关协议和机制，提高全球网络安全水平。为此，提出要组织国内外相关各方在网络安全方面开展协同行动。2013 年 7 月底，俄罗斯在《2020 年前国际信息安全国家基本政策》中指出，开展国际合作是俄罗斯应对国际网络安全威胁的主要方式。然而，由于俄罗斯的信息技术基础比较薄弱，信息产品的国产化水平不高，给俄罗斯网络空间安全带来了潜在风险，经常遭遇网络攻击、网络黑客活动猖獗、致命网络病毒出现、网络犯罪屡禁不止、网络恐怖主义泛滥等威胁着网络空间的发展。特别是 2013 年，前美国中央情报局雇员斯诺登将以美国为首的发达国家监控各目标国的诸多行动曝光于世，这使得俄罗斯对网络空间的治理有了更为清醒的认识。基于日益严峻的网络安全形势，俄罗斯在深化网络安全认识的基础上，加速推进新的网络空间合作治理战略的制定工作，积极构建网络空间合作治理体系。

（二）俄罗斯网络空间国际战略的实现路径

俄罗斯在加强本国网络空间建设的同时，积极加强与各国关于网络空间的国际合作，不断推进俄罗斯网络空间合作治理战略。

第一，俄罗斯专门成立了国际信息安全司。作为一个专门机构，主要负责网络安全事项的部门，职责是推动俄罗斯提出的互联网行为规范的实施，汇总国外网络空间应对与处置的经验，更好地开展国际合作。

第二，在网络空间合作治理领域里与美国既合作又斗争。首先，俄美两国在网络空间一直保持接触，并在一系列问题上达成共识。一是建立网络安全高层热线电话。2012 年 4 月，俄美两国总统达成协议，同意将当年

---

❶ 王晓军. 对 2014 年版《俄罗斯联邦军事学说》的几点看法 [J]. 现代军事，2015（3）：36-40.

俄美为防止误判导致核大战而建立的安全通信渠道作为防止网络空间新型冲突的高层热线电话。二是在网络空间术语方面达成共识。2011 年 4 月，俄美双方共同发布了 20 个网络空间术语定义。统一网络空间立场定义，这是重启两国在网络空间的双边合作关系，旨在加强对网络空间安全的维护。三是成立俄美双方网络空间安全联合工作组。2013 年 6 月，俄美双方同意成立网络空间安全联合工作组。这是由俄罗斯总统普京和美国时任总统奥巴马在北爱尔兰厄恩湖八国峰会期间双边会晤时作出的。两国元首宣布，将采取一系列措施加强两国在网络空间领域的互信，并建立信息交流通信渠道，以对网络安全事件做出快速反应，加强紧急安全事态信息交换，防止因出现误解而引发冲突升级，以及双方商定就解决网络空间潜在危险问题加强沟通三个方面达成了共识。其次，俄罗斯与美国在国际互联网监管和国内网络监控问题上存在分歧。一是俄美在《国际信息安全公约》的签署上存在分歧。对于国际信息安全公约，美国强烈反对。2012 年在德国召开的信息安全会议上，俄罗斯主张签订限制网络武器发展的《国际信息安全公约》，并将其与联合国在信息安全问题上的立场联系起来，巩固国家在全球网民网络活动中的监督作用，但美国不欢迎这一倡议，并且鼓动西方国家抵制这一公约。二是俄美双方在《打击网络犯罪公约》的签署上存在分歧。美国主张签署《打击网络犯罪公约》，俄罗斯则拒绝签字。欧盟成员国 2001 年发起签署的《打击网络犯罪公约》，是第一个应对网络犯罪的国际公约。美国在 2006 年宣布在该公约上签字，并呼吁各国政府加入该公约。俄罗斯坚持不签字，是因为俄罗斯对该公约允许在未通知所在国当局的情况下就可以对另一国可疑的网络犯罪活动开始调查表示不满，坚决要求修改，但遭到美国等西方国家的拒绝。三是俄美双方在网络监管领域存在分歧。俄罗斯主张加强对网络的监管，美国则坚持网络自由。俄罗斯当局把在网络空间利用信息通信技术用于政治目的看成是最大的危险，坚决主张加强对网络的监管。同时，俄罗斯还呼吁对网络空间进行更广泛的国际监督，扩大各国对互联网的监管，而美国坚决反对国家对互联网实行审查，极力倡导网络自由。

第三，积极争取在网络空间合作治理体系中的话语权。2011 年 9 月，俄罗斯与中国等国联合，共同起草《信息安全国际行为准则》，并作为第六十六届联合国大会正式文件发布，强调建立多边、透明的互联网国际管理机制，提出各国不应利用网络实施敌对行为和制造威胁，并呼吁各国在联合国框架内尽早达成一致。2011 年 9 月，俄罗斯邀请 52 国情报与安全机构首脑聚会叶卡捷琳堡，讨论俄罗斯政府起草的《联合国确保国际信息安全公约草案》，主张禁止将互联网用于军事目的，禁止利用互联网推翻他国政权，同时各国政府可在本国网络内自由行动。2012 年 12 月，在国际电信大会上，俄罗斯等国提出议案，认为成员国应加强政府在网络空间的管理作用，及互联网资源分配方面拥有平等权利。同时，俄罗斯积极开展与其他国家及国际组织的网络合作。2013 年 3 月，俄罗斯和韩国就保障国际信息安全合作达成协议，两国决定要在保护计算机网络免受黑客攻击、打击网络空间技术犯罪方面加强联合。俄罗斯与欧盟、北约等多次就网络安全开展实质性的交流与合作，包括联合举行网络攻防演习；俄罗斯还建议在北约—俄罗斯理事会成员国之间建立网络安全的互信合作。俄罗斯网络空间发展战略，尤其是积极推动构建网络空间合作治理的战略，为确保本国的网络安全及推动国际网络空间健康发展具有重要的指导作用。

二、其他新兴经济体的网络空间合作治理战略

其他新兴经济体，如印度、巴西等新兴国家近年来也逐渐意识到了网络空间治理的重要性，纷纷加快提出本国的网络空间发展战略，积极谋求本国网络空间合作治理战略，力争在未来的网络空间竞争中谋求主动地位。

（一）印度的网络空间合作治理战略与实践

印度的互联网用户数量排名全球第三，仅次于美国和中国。2013 年 10 月 22 日，美国信息安全公司赛门铁克发布报告指出，印度是受网络犯罪影

响最严重的五大国家之一。印度对信息基础设施的战略性依赖已经成为一个战略弱点，这使得印度面临的网络威胁日益增多。针对日益复杂的网络空间安全形势，印度政府采取了成立网络空间专门机构、颁布统一的网络空间安全标准、加强网络空间监管和网络安全审查、广泛参与网络安全国际合作等一系列举措，提升网络空间保障能力，营造安全的网络空间发展环境。在此基础上，为应对日益全球化的网络空间问题，印度积极开展多层次的网络空间国际合作，谋求推动网络空间合作治理战略的发展。

第一，积极参与网络空间国际会议。2010 年 5 月，在印度举行的第五届世界电信发展大会指出，宽带接入电信和信息通信技术是世界经济、社会和文化共同发展的基础。为此，应该关注宽带安全，推动实现全球发展议程。2014 年 4 月，印度作为正式代表参加了"互联网治理的未来——全球多利益相关方会议"，并积极参与大会的各项活动，与来自近 180 个国家的代表对未来互联网治理和网络安全进行了讨论。印度在会上积极就网络空间问题表明自己的主张，以在互联网领域拥有一定的话语权。印度在会议上提出，互联网必须由全球社会共同拥有，避免被任何特定的利益相关方——不管是国家还是非国家实体操纵或滥用。其还表示："互联网治理应该是多边、透明、民主和具有代表性的。""管理和监管互联网核心资源的机构必须实现国际化，并具有代表性和民主性。"❶ 同时，印度提议把互联网改名为"平等网"，以便让所有国家在互联网的运行方面具有平等的发言权。

第二，加强与各国网络空间多边和双边的合作。一是加强与美国在网络空间安全方面的合作。2004 年 11 月，在美印互联网安全第二次会议上，双方约定建立 5 个联合工作组，并互相承认身份认证活动，承诺进一步加强互联网犯罪的打击力度，加强网络安全研究与开发，以及在国防领域的合作。2011 年 7 月 20 日，美印签署了一份谅解备忘录，进一步促进了两国网络空间组织密切合作和信息共享，这份协议有利于实现两国共同促进

---

❶ 周季礼. 2014 年印度网络空间安全发展举措综述 [J]. 中国信息安全, 2015（5）: 92.

全球安全和打击恐怖主义的承诺，是美印战略对话的支柱之一，加快了两国政府更加广泛的网络空间交流。2014 年 10 月，在联合国大会期间，美国与印度就网络防御、恐怖主义和其他网络安全问题进行了讨论。此外，印度军队还注重吸取外军先进建设经验，加强与美军的网络安全协作，视印美网络安全合作为双边安全合作的重要内容。二是加强与日本、英国的网络空间合作。2012 年 11 月，印度与日本两国首脑重点讨论了在海上和网络安全领域的合作事项。2014 年 9 月 1 日，印度总理与日本首相在东京举行了会晤，双方决定在网络空间技术和安全方面加强合作，共享网络威胁信息。2013 年 2 月，在英国首相卡梅伦访问印度期间，两国签署了网络安全协议，以解决英国在印度境内个人和商业数据可能受到攻击的问题。签署这份网络安全双边协议主要目的是保护包括知识产权在内的两国敏感信息，以共同应对日益上升的全球网络犯罪的威胁。协议主要内容包括建立一个由两国警察部队组成的联合工作组，负责处理来自网络的安全威胁，并提供技术支持。有数据显示，在印度的服务器上存储着数百万英国人的个人银行信息、手机资料等信息。这一举措标志着两国网络安全事务合作达到新的水平。三是加强与其他国家及国际组织的网络空间合作。2012 年 8 月，印度起草了与 15 个国家的战略合作报告，明确规定了印度在基础设施建设、网络技术应用等网络领域的合作对象国家。其中基础设施建设、弹性网络及宽带普及的合作对象包括澳大利亚、美国、日本、韩国、瑞典和芬兰。在移动应用程序合作的方面，主要加强与美国、日本、韩国和以色列等国的合作。在安全、加密和监控技术方面，主要加强与美国、日本、加拿大、以色列和芬兰的网络空间合作伙伴关系。在卫星和应急通信的合作方面，主要加强与美国、俄罗斯、日本和法国的合作关系。在云计算领域，主要加强与美国和日本的合作。在国际组织方面，积极与北约等组织开展网络安全领域的合作。2011 年 9 月 9 日，北约就网络黑客问题表示要加强与印度的合作，以此确保其敏感信息和数据不受到恶意软件和木马程序的侵扰。

（二）巴西的网络空间合作治理战略与实践

作为拉丁美洲第一大互联网国家，巴西的网络技术发展和网络空间治理一直以来处于发展中国家的前列。在加快本国网络空间发展的同时，巴西作为网络空间领域新兴国家也积极推动网络空间合作治理体系的构建。

第一，积极倡导区域内网络空间合作。巴西主张拉美国家要集体协调行动应对互联网安全问题，巴西以其拉美地区第一互联网大国的地位，倡导推进拉美地区的协调与合作，展现其地区大国的影响力。

第二，积极参与国际网络空间治理，推动建立公正合理、安全有序的国际网络空间秩序。一方面，引领拉美地区的互联网治理。围绕"信息社会"概念，促进区域协调与合作。自 2005 年起，拉美和加勒比地区提出了实现有关信息社会的目标，并制定了相应的行动计划和分段实施的具体目标。2005 年 6 月，在巴西里约热内卢正式批准了第一期《关于拉美和加勒比地区信息社会行动计划》，并先后于 2008 年、2010 年、2015 年制订和发布了针对 2010 年、2015 年和 2018 年的地区信息社会行动计划。另一方面，协调拉美国家的立场，推动拉美国家集体参与国际网络空间合作治理。随着互联网治理日益全球化，以巴西为代表的拉美国家在协商一致的基础上，集体参与全球互联网规则的协商与制定，积极参与国际网络空间合作治理体系的构建。作为拉丁美洲地区重要的发展中国家，巴西争取在网络空间合作治理体系中发挥更大的作用，提高话语权，推动建立公正合理、安全有序的网络空间合作治理秩序。一是外交部负责协调和统一立场；二是积极推动"信息社会世界峰会"，宣传基本立场；三是反对美国的单边治理；四是建立公平、公正、安全的网络空间秩序。❶ 2011 年 9 月，在巴西里约热内卢召开的全球互联网治理研讨会上，印度、巴西和南非的官员阐述了在联合国框架内建立统一的全球性机构来监督全球互联网治

---

❶ 何露杨. 互联网治理：巴西的角色与中巴合作［EB/ON］.（2016-08-12）［2018-09-18］. http://ilas.cass.cn/xkjs/kycg/zlgx/201608/t20160812_3160641.shtml.

理。这一机构的主要职责是"协调和发展连贯的和综合的全球互联网公共政策",同时三国呼吁确保互联网治理是"透明的,民主的,多方利益攸关者和多边参与的"。2014 年 4 月 23 日至 24 日,全球互联网治理大会在巴西圣保罗举行,来自 97 个国家的共 1480 名代表参加了这次会议。会议通过了长达 12 页的成果文件——《全球多利益相关方会议圣保罗声明》,支持并确认了一系列互联网治理框架的共同原则和重要价值,同时确认互联网在管理公共利益方面是全球性资源,而互联网领域的安全与稳定,有赖于各国和不同利益相关方的通力合作。会议肯定互联网在推动可持续发展、解决贫困方面发挥的重要作用,同时也认为网络空间制度应该支持发展中国家的能力建设。此外,互联网治理还需要尊重、保护和促进文化多样性和语言多样性。

第三,加强与各国网络空间双边和多边的合作关系。2013 年 9 月 13 日,巴西与阿根廷签署声明,在两国的防务合作中增加网络安全内容。2013 年 10 月,巴西与印度宣布,双方将共享网络安全知识,以应对美国及其盟国进行的间谍监控。同时,巴西还积极与德国开展网络空间治理合作,共同向联合国提交决议草案,要求无条件保护公民的隐私权,尤其是数字时代网络空间的信息保护,主张所有国家的海外监听、监控行为都应该受到有效约束。除此之外,为避免受到美国的间谍监控活动影响,巴西还积极倡议举行有关互联网安全的国际大会,就相关网络安全问题进行商讨。

(三)韩国的网络空间合作治理战略与实践

近年来,韩国的网络空间战略发展迅速,国家信息化水平处于世界前列。当前,韩国同样面临来自网络空间领域的威胁与挑战,因此,在加紧推进本国网络空间战略发展的基础上,韩国不断推进网络空间合作治理战略的发展,提升在网络空间领域的话语权和影响力。

第一,加强与美国在网络空间领域的密切合作。目前,韩国网络空间的发展理念大体上承袭了美国的发展理念。在网络空间合作方面,韩国与美国的合作要更加紧密，远远超过其与其他国家或国际组织的合作。2009年，韩国军方与美国国防部签署了"关于信息保障和计算机网络防御合作"的谅解备忘录，任命韩国国防部信息规划局总干事、美国国防部国际信息安全保障计划署主任，分别为该计划的负责官员，并成立了一个联合工作组来监督两国之间的合作。❶ 韩国军方还参与了一个由美国国防部两年举行一次的国际网络防御工作组会议，主要内容涉及网络作战和信息保障领域的研究及该领域的双边合作。2012 年 6 月，为了应对朝鲜的网络攻击行为，韩国与美国共同构建了"网络安保协议体系"。❷

第二，加强与其他国家和国际组织的合作。韩国比较重视与北约等国际组织在网络空间治理领域的合作。2010 年的韩国国防白皮书中指出，韩国政府将加强与北约的合作，共同应对网络安全威胁。韩国、日本、澳大利亚及新西兰四国已经和北约组织建立了密切的合作机制。❸ 韩国还与中国、印度等国家加强网络空间的交流。2013 年的中韩互联网圆桌会议将主题定为"发展与安全"，两国政府部门、行业组织、知名互联网企业和学术机构近百位代表就网络安全问题进行了讨论和研究。❹

第三，积极参加和举办相关互联网国际会议，提出并推广自己的网络主张。2013 年 10 月，韩国举办了"2013 首尔网络空间会议"，以"通过开放和安全的网络空间促进全球繁荣——机遇、威胁与合作"为主题。❺ 来自 87 个国家和地区、18 个国际组织及企业或团体的 1600 余人参会，会议就网络与经济增长和发展的关系、网络安全、网络保障、加强网络基础

---

❶　姜明辰. 美韩网络安全制度化合作及发展态势 ［J］. 亚太安全与海洋研究，2017（3）：17-28.

❷　韩美将共建网络安保协议体系应对朝网络攻击 ［EB/OL］.（2012-06-16）［2020-06-13］. https://world. huanqiu. com/article/9CaKrnJvR82.

❸　韩国发布《2010 年国防白皮书》［EB/OL］.（2010-12-30）［2020-06-13］. http://world. people. com. cn/GB/57507/13627213. html.

❹　第二届中韩互联网圆桌会议 ［EB/OL］.（2013-12-10）［2020-06-13］. http://www. xinhuanet. com/world/2013zhhlwhy/13zhhlwhy/.

❺　为期两天的"2013 首尔网络空间会议"在首尔开幕 ［EB/OL］.（2013-10-17）［2020-06-13］. http://www. gov. cn/jrzg/2013-10/17/content_2509536. htm.

设施等问题展开了广泛的讨论，形成了《首尔原则》，指出为了解决网络犯罪问题，司法机构和相关企业的合作必不可少。与会各国代表还一致认为，应该通过网络互联实现经济全球化。2014 年 10 月 20 日，国际电信联盟第 19 届全权代表大会在韩国釜山举行，175 个国家的约 3500 名代表出席。❶ 大会通过《釜山倡议》及其相关文件，肯定了国际电信联盟在互联网治理中的地位与作用。

---

❶ 国际电信联盟第 19 届全权代表大会在韩国釜山开幕 ［EB/OL］.（2014-10-20）［2020-06-13］. https://news. china. com/news100/11038989/20141020/18877743. html.

| 第六章 |
中国与主要国家及国际组织的网络空间合作治理现状

当前，中国网络空间及网络技术发展迅速，网络空间活动日益增多。在此基础上，为进一步推进网络空间发展战略，中国不断加强与世界主要国家在网络空间领域的合作，并积极发展网络空间合作治理战略，推动构建更加合理、公平、公正的网络空间合作治理体系。本章主要梳理中国与西方国家或国家组织，尤其是美国、欧盟和俄罗斯，以及中国与东盟的网络空间合作治理实践，重点分析中国与主要国家及组织之间网络空间合作治理实践的主要内容，当前网络空间合作治理面临的现实问题及未来发展的前景。

一、中国与西方国家网络空间合作治理现状

中国是网络用户最多的国家，西方国家网络技术普遍较为发达，在维护网络空间安全、强化网络稳定运行等网络空间领域，中国与西方国家具有广泛的共同利益。

（一）中国与美国网络空间合作治理现状

随着网络空间领域的事件频繁爆发与网络安全威胁不断上升，中国与美国加强网络空间领域的互信与合作尤为重要。中美两国在打击网络犯罪、打击网络恐怖活动、确保重要网络基础设施的安全等方面，拥有开展

深度合作的巨大潜力。此外，在信息产业与信息技术交流与合作方面，中美两国商业界、科技界在网络空间技术的研发与创新、以信息产业的合作推动两国经济发展等领域均有巨大的交集，中美网络空间合作前景广阔。

1. 中美网络空间合作治理实践的具体内容

中美网络空间国际合作主要表现在以两国高层领导人高度重视为牵引，两国在网络空间合作平台与合作机制、信息技术与信息产业及网络安全领域不断深化合作。

首先，两国推动网络空间合作治理体系构建。中美两国领导人高度重视两国网络空间的合作，尤其是在网络安全领域的合作，两国逐步达成合作共识，并成立了专属性机构。2012年9月12日，时任美国国土安全部常务副部长简·霍尔·露首次对中国正式访问。他表示，"为了进一步充实中美战略与经济对话机制的内容，美国国土安全部和中国公安部确定了高层互访并建立起年度会晤机制，开辟了新合作领域"。他指出，"网络安全议题将是未来几轮会晤的重点讨论内容，双方将就如何建立起具体的合作机制进行讨论"。❶ 2013年4月13日，中国外交部部长王毅与时任美国国务卿克里举行会谈，双方将安全问题作为中美之间重要的议题之一，就加强网络安全合作、共同采取网络安全行动的必要性达成共识。双方同意在中美战略安全对话框架下，设立网络工作组。2013年7月"习奥会"期间，中美两国就网络安全合作进一步达成共识。随后，中美网络安全工作作为两国推动网络安全合作的首个机构组举行了第一次会议，双方就网络安全及中美网络工作组建设深入交换意见，共同期望双方在网络安全领域建立合作关系。2015年4月9日，中国公安部与美国国土安全部首次进行部级会晤。时任中国公安部部长郭声琨表示，希望双方认真落实习近平主席与奥巴马总统达成的重要共识，建立各层级沟通机制，增进执法互信，以建设性方式管控分歧，照顾彼此重要关切，着力在反恐、追逃追赃、打

---

❶ 美国国土安全部和中国公安部建立高层互访机制［EB/OL］. （2012-09-13）［2018-09-22］. http://news. china. com/domestic/945/20120913/17427758. html.

击网络犯罪等重点领域，取得合作的新突破，积极构建与中美新型大国关系相适应的新型执法合作关系。● 2015 年 9 月 22 日，国家主席习近平对美国进行国事访问。在双方取得的 49 项成果中，有 6 项涉及互联网领域。在 6 项相关成果中，涉及两国普遍关注的打击网络犯罪、保护网络知识产权等问题。中美双方达成共识，同意两国加强网络安全领域对话合作，建立两国共同打击网络犯罪及相关事项高级别联合对话机制，设立热线电话。2015 年 11 月 13 日，时任中共中央政治局委员、中央政法委书记孟建柱在中南海会见了由时任美国国土安全部常务副部长马约卡斯率领的美国网络安全执法跨部门代表团。孟建柱表示，中美两国元首高瞻远瞩，就网络安全领域重要问题达成共识。中方愿与美方以加强执法合作、打击网络犯罪为突破口，深化执法合作，推动中美新型大国关系建设不断取得新进展。马约卡斯表示，美方愿以坦诚、开放的态度，就网络安全执法等问题与中方开展更广泛的对话合作。● 在中美整体的互动当中，中方的主动性正在增强，表示出中国愿同美国深入开展网络空间合作的诚意。2015 年 9 月，习近平主席在访美期间指出，中美两国作为网络大国，双方拥有重要共同利益和合作空间。中美两国应该加强对话和合作，对抗摩擦不是正确选项。中美两国在信息产业和信息技术领域的互补与融合对中美两国经济发展都具有积极的影响。同时，中美两国在网络安全领域的分歧也有望通过开展深入合作得到妥善解决。

其次，通过网络空间合作平台的构建推动治理体系的构建。为推进中美网络空间合作，两国建立了多个合作平台，其中最重要的是由中国互联网协会、美国微软公司联合主办的中美互联网论坛。2007 年以来，为给中美互联网的合作与交流提供平台，中美互联网论坛已经举办了八届。2007 年 11 月，第一届中美互联网论坛在美国西雅图举行；2008 年 11 月，以

---

❶　中国公安部与美国国土安全部举行首次部级会晤［EB/OL］.（2015-04-10）［2018-09-22］. http://news.xinhuanet.com/2015-04/10/c_1114933626.htm.

❷　孟建柱会见美国网络安全执法跨部门代表团［EB/OL］.（2015-11-13）［2018-09-22］. http://news.xinhuanet.com/politics/2015/11/13/c_1117139971.htm.

"发展与合作"为主题的第二届中美互联网论坛在上海举行;2009年12月,以"交流合作,应对挑战"为主题的第三届中美互联网论坛在旧金山举行;2010年11月,第四届中美互联网论坛的主题为"为了更加有用、更加可信赖的互联网",来自中美互联网企业以及相关学术机构、政府部门的众多代表出席论坛。2011年12月7日至8日,由中国互联网协会和美国微软公司联合主办的第五届中美互联网论坛在华盛顿举行,来自中美互联网业界、学界和政府部门的180多名代表与会交流,议题包括互联网服务提供者的社会责任、社交网络发展、互联网治理、网络安全等。该论坛已成为中美在互联网领域沟通合作的重要平台。❶ 2013年4月,第六届中美互联网论坛以"对话、沟通、理解"为主题;2014年12月,第七届中美互联网论坛围绕"对话与合作"的主题设立了"大数据和云服务""经济发展与社会利益""互联网接入"与"互联网治理"四个分论坛。2015年9月23日,第八届中美互联网论坛在美国西雅图召开,300多名中美互联网企业高管齐聚一堂,共商网络空间合作与发展大计。第八届中美互联网论坛主题是"互信、互利、合作、共赢"。国家主席习近平指出,当今时代,社会信息化迅速发展。从老百姓衣食住行到国家重要基础设施安全,互联网无处不在。一个安全、稳定、繁荣的网络空间,对一国乃至世界和平与发展越来越具有重大意义。如何治理互联网,用好互联网是各国都关注、研究、投入的大问题。没有人能置身事外。中国倡导建设和平、安全、开放、合作的网络空间,主张各国制定符合自身国情的互联网公共政策。中美都是网络大国双方拥有重要共同利益和合作空间。双方理应在相互尊重、相互信任的基础上,就是网络问题开展建设性对话,打造中美合作的亮点,让网络空间更好造福两国人民和世界人民。❷

再次,两国不断加强在相关网络技术及信息产业领域的深入合作。中美网络空间合作最初是在信息技术与信息产业领域。例如,在计算机硬件

---

❶ 王恬,温宪,张旸. 让互联网成为促进中美关系积极因素 [N]. 人民日报,2011-12-10 (3).
❷ 习近平:中国倡导建设和平、安全、开放、合作的网络空间 [EB/OL]. (2015-09-24) [2020-06-13]. http://www.cac.gov.cn/2015-09/24/c_1116664316.htm.

与软件设备、互联网技术等方面，中美两国的合作起步较早，也是中美两国网络空间合作的主要内容。相较于美国而言，中国在信息技术研发层面处于劣势，中国互联网产业的发展需要美国信息技术的支持，因此中美间具有合作的条件。1998 年 9 月，全球顶级的互联网设备提供商思科系统公司在中国成立分公司，并建立网络技术实验室，开始与中国企业就信息技术开展合作。2001 年 1 月，思科系统公司宣布在中国新建"最后一公里"接入技术实验室和语音技术实验室。2003 年 8 月，中国电信集团公司与思科系统公司合作并将其作为主要的设备提供商。2004 年 3 月，中国第一个下一代互联网主干网 CERNET2 采用了思科系统公司的设备。2006 年 7 月，思科系统公司独家承担了 CN2（中国电信下一代承载网）运营商网络边缘（PE）扩容工程。2014 年 2 月，思科系统公司与山东能源集团展开合作。近年来，思科系统公司进一步深化与中国企业的合作，不断加大对中国的直接投资。中国企业与思科系统公司的合作是中美两国信息技术合作的一个缩影，也推动了中美网络空间的合作。2015 年 9 月，在第八届中美互联网论坛上，中美两国多家互联网企业签订了近百亿美元的协议，展示了中美两国合作创造互联网经济奇迹的前景。美国的微软、来福车、领英、思科，中国的百度、中国电子科技集团、浪潮、紫光股份、世纪互联、滴滴快的等在论坛上签订了一系列协议。紫光股份与世纪互联、微软（中国）签署《战略合作备忘录》，搭建混合云解决方案平台，共同拓展国内云计算市场。小米公司已宣布将采用 Windows Azure 公有云作为"小米云服务"的云存储平台。思科与浪潮集团将共同首期投资 1 亿美元在中国成立合资公司，共同研发网络技术与产品。微软还与中国电子科技集团开展合作，为中国的政府机构和国有企业专业领域用户，提供全球领先的操作系统技术与服务。百度与微软签署协议，百度将成为微软 Edge 浏览器中国用户的默认搜索引擎和主页。亚马逊也在寻求与阿里巴巴达成合作。腾讯则对在美投资展现了兴趣，扩展娱乐业务版图。滴滴、快的分别和美国打车应用软件来福车以及领英签署了战略合作协议。在谈到微软近期的合作举动时，微软资深副总裁、大中华区董事长兼首席执行官贺乐斌称，这些是微软"史无前例的合作模式"。❶ 与此同时，中国信息技术企业正拓展全球市场，中美两国在信息技术领域将在更广范围、更深层次合作，且更为紧密。美国作为互联网的发源地，拥有最先进的网络技术，同时也是中国科技企业的重要市场。中国拥有近 7 亿网民，拥有全球最大的互联网市场，同时也是美国高科技企业的福地。随着"互联网+"产业的迅猛发展，将使中美互联网经济合作更加活跃。2015 年的政府工作报告提出，"制定'互联网+'行动计划，推动移动互联网、云计算、大数据、物联网等与现代制造业结合，促进电子商务、工业互联网和互联网金融健康发展，引导互联网企业拓展国际市场。"百度公司总裁张亚勤认为，中国的互联网+传统产业发展模式将很快被复制到其他国家市场，这是一个全球发展的大趋势。❷ 中美两国尽管互联网的发展特点各有不同，但对于促进数字经济发展的目标是一致的，两国信息产业界对于合作共赢的利益诉求是相同的。中美两国在互联网的合作从最早期中国更多从美国学习技术、借鉴发展模式、吸取美国的成功经验，到中国互联网加速崛起，大力推动自主创新，再到当前中美互联网进入全面竞合阶段，这个过程也是中美网络空间合作不断深化的过程。当前，全球前 50 大的移动互联网公司当中，中美各占一半。在"互联网+"经济飞速发展的大背景下，中美两国信息技术和信息产业的合作的平台将会更大、程度将会更高，进而推动中美网络空间合作的深化。

最后，网络安全涉及国家安全的维护，是中美两个大国所关注的重要的内容之一。尽管网络安全问题是中美关系中重要而又敏感的议题，美国曾多次明里暗里地把遭受网络攻击的矛头指向中国，但是两个大国间的网络安全合作无疑更有利于网络安全的维护。为此，中美两国也积极开展打击网络犯罪、网络反恐及网络执法等网络安全领域的合作。2011 年 6 月 23

---

❶ 习大大访美后签百亿合同看中美 IT 合作三步走 [EB/OL]. (2015-10-02) [2018-10-18]. http://www.apdnews.com/it/internet/246709.html.

❷ 百度总裁张亚勤：服务是产业发展的未来 [EB/OL]. (2015-09-24) [2018-10-18]. http://tech.163.com/15/0924/12/B49EU6UG000915BF.html.

日，中国公安部联合美国警方抓获阳光娱乐联盟建设者及其核心成员，一举破获了这个全球最大中文淫秽色情网站。中美两国为打击网络犯罪而积极开展的网络执法对预防和打击跨国网络犯罪有着重要意义。2012 年 5 月，时任中国国防部部长梁光烈访问美国，与时任美国国防部部长帕内塔会晤时，双方就共同合作应对互联网安全威胁达成一致。2012 年 9 月，时任中国公安部部长孟建柱与访华的时任美国国土安全部常务副部长简·霍尔·露特就强化中美执法合作进行了交流，双方认为应加强中美两国在打击网络犯罪以及维护网络安全等方面的合作。在 2012 年 12 月举行的中美执法合作联合联络小组第 10 次会议上，也强调双方在打击网络犯罪方面应当展开合作。2012 年 12 月，中美战略与国际研究中心与中国现代国际关系研究院开展的"中美网络安全二轨对话"中，双方进行了合作应对网络攻击的情景模拟演练。2015 年 9 月，国家主席习近平访美期间，美国媒体及互联网巨头多次表达了对中美合作维护网络安全的期盼与关注。美国《华盛顿邮报》刊文指出，网络安全问题取得共识是中美双边关系中一大重要议题的突破。美剧《纸牌屋》出品方奈飞公司（Netflix）联合创始人兼总裁里德·哈斯廷斯表示，互联网创新业者最不愿看到的就是美中在网络安全问题上进入僵持乃至冲突状态，非常赞赏习近平主席以务实、积极的态度主动推进合作解决美中网络安全问题。❶ 2015 年 9 月 30 日，中美互联网安全专家在北京对话中美网络安全合作问题，双方交流致力于网络安全观念的互通与技术的共进。2015 年 12 月 1 日，首次中美打击网络犯罪及相关事项高级别联合对话在华盛顿举行。时任中华人民共和国国务院国务委员、公安部部长郭声琨在华盛顿与时任美国司法部部长林奇、时任美国国土安全部部长约翰逊共同主持。此次对话本着"依法、对等、坦诚、务实"的原则，中美双方就打击网络犯罪合作、加强机制建设、侦破重点个案、网络反恐、执法培训等方面，达成一系列共识和具体成果。郭声琨表示，这次对话表明，中美网络安全执法合作进入了"新的发展阶段"。

---

❶ 刘峣. 6 大成果勾勒中美互联网合作前景［N］. 人民日报海外版，2015-10-08（8）.

通过中美双方共同努力，有望"把网络安全执法合作打造成中美关系的新亮点"。❶ 2016 年 6 月 14 日，第二次中美打击网络犯罪及相关事项高级别联合对话在北京举行。时任中国国务委员、公安部部长郭声琨在北京与美国国土安全部和司法部代表共同主持。第二次对话相比第一次有了更进一步的合作成果：中美双方举行了网络安全桌面推演并决定在下一次对话中继续举行；在网络保护方面，双方决定 2016 年 8 月在中国举行网络安全保护工作专家研讨会，继续加强在网络方面的合作；在信息资源共享与案件合作方面，中美双方决定加强关于网络犯罪及其他恶意网络行为的协查和信息请求的交流并继续就网络犯罪调查和双方共同关心的网络事件进行信息分享和开展合作，同时定期共享网络威胁信息，包括加强恶意软件样本及相关分析报告的共享；在热线联络方面，双方通过了《中美打击网络犯罪及相关事项热线机制运作方案》❷。

2. 中美网络空间合作治理面临的现实问题

随着全球网络空间战略的快速发展，网络高新技术、网络情报共享及网络安全领域等方面越来越成为中美外交的新的摩擦点，中美两国在网络安全、网络经济、网络文化等方面的竞争日趋激烈。首先，美国抛出所谓"中国网络威胁论"问题，在网络安全领域对中国展开戒备和防范。近年来，随着中国互联网技术的发展以及信息产业不断向世界扩展，所谓的"中国网络威胁论"在美国越来越具有广阔的市场。在美国，一时间，"中国网络威胁论"甚嚣尘上。从美国的政界、军界到美国的企业界、学术界，一部分人从多个角度不断宣扬"中国网络威胁论"，大肆指责中国黑客对美国进行网络攻击。2009 年，美国总统办公室发布《网络空间安全政策评估》，以及随后 2010 年美国防部发布的《网络空间司令部战略构想》等报告，均大力渲染中国网络攻击能力，大肆指责中国对美国网络安全构

---

❶ 中美加强网络安全合作 [EB/OL]. (2015-12-04) [2018-10-18]. http://news. xinhua-net. com/world/2015/12/04/c_128500279. htm.

❷ 第二次中美打击网络犯罪及相关事项高级别联合对话举行 [EB/OL]. (2016-06-15) [2018-10-18]. https://www.mps. gov. cn/n2255079/n5137689/n5399432/n5399440/c5399622/content. html.

成了严重威胁，并将中国视为重点防范对象。对于美国无中生有，中国外交部公布了美国攻击中国网络的最新数据。2015 年 3 月 19 日至 5 月 18 日，2077 个位于美国的木马或僵尸网络控制服务器，直接控制了我国境内约 118 万台主机。该中心同期监测发现，135 台位于美国的主机承载了 563 个针对我国境内网站的钓鱼页面，造成网络欺诈侵害事件约 1.4 万次，主要是仿冒网站，诈骗个人位置信息、个人数据信息、口令密码信息等。此类行为既有商业窃密，也有网络欺诈，致使中国网民蒙受巨大损失。中国国家互联网应急中心还发现，2014 年 3 月 19 日至 5 月 18 日，2016 个位于美国的 IP 对我国境内 1754 个网站植入后门，涉及后门攻击事件约 5.7 万次。❶ 2013 的同期数据，美国同样位于第一，这是赤裸裸的网络犯罪行为。美国连番炮制的"中国网络威胁论"，其实质是"中国威胁论"在网络空间的进一步延续。这是中美在网络空间安全领域的主要分歧点所在，也是两国网络空间领域的重要竞争点。

其次，美国在网络技术领域对中国进行限制和制约。虽然中美双方在网络产业与信息技术方面的合作不断发展，但是中美两国在网络空间经济合作领域内的竞争仍然很激烈，美国一直以来在网络技术领域对中国进行限制和制约。一方面，美国通过多种手段限制中国引进发达国家先进的网络技术，在一定程度上阻止中国互联网企业进入美国市场。在信息化的时代，信息技术是一个国家保持优势的重要支撑。自 20 世纪 90 年代以来，美国信息技术产业发展迅速，不仅成为整个国家的支柱产业，而且在全球范围内也具有非常明显的竞争优势。网络是潜藏着巨大的经济价值的。信息技术革命每年为美国 GDP 带来 2 万亿美元的增长，美欲借信息技术产业重塑繁荣经济、维持全球经济霸主地位和对中国经济优势的诉求无比强烈。❷ 随着新一轮信息化浪潮的不断推进，在大数据、云计算等新技术新

❶ 新华国际时评：美国的网络"厚黑学"［EB/OL］.（2015-04-03）［2018-10-22］. http://www.xinhuanet.com/world/2015-04/03-c_1114868203.htm.
❷ 美国大肆渲染"中国网络威胁论"有三点考虑［EB/OL］.（2013-04-08）［2018-10-22］. http://news.xinhuanet.com/world/2013-04/08/c_124550768.htm.

应用的研发与创新上，美国投入了大量资源，力图保持其世界领先地位。而近年来，中国的信息技术与信息产业领域增长势头较快，尤其是在电子元器件、宽带和无线网设备等领域具备了较强竞争力，而在个人计算机处理器、互联网路由器、交换机等领域也有优势。世界知识产权组织 2015 年 3 月 19 日发布最新报告称，2014 年中国在《专利合作条约》（Patent Cooperation Treaty，PCT）框架下共提交 2.5539 万件专利申请，较 2013 年增长 18.7%，申请总量位居全球第三位，是全球唯一实现两位数增长的国家。❶ 面对中国信息产业与信息技术的大幅提升，美国感到其全球领导地位受到威胁和挑战，为了维护其全球经济霸主地位，保持其在网络信息技术方面的巨大优势，美国在不断推进信息技术研发与创新，以及信息技术面向全球扩展的同时，在一定程度上限制对中国输出关键性的信息技术。另一方面，美国以国家安全为由，在中国互联网企业进入美国信息产业市场方面进行市场准入的限制。中国的互联网企业，如华为、中兴等虽然一直以来积极拓展美国互联网市场，但也受到美国的阻挠和限制。

再次，中美在网络空间合作治理理念上存在分歧。中美两国在网络空间主要争论之一就是中美两国在构建网络空间合作治理新秩序问题上的分歧。中美两国战略利益的本质不同及价值观念的差异，导致双方在网络空间治理新秩序问题上始终难以达成共识。中国认为，网络空间的合作是建立在现实的政治、经济、文化、军事等领域的基础之上的，因此，国家间的网络空间合作同样是具有主权属性的。当今世界，主权国家依然是最主要、最重要的能够采取负责任行动治理全球问题的行为体。在处理国际事务时，中国一贯遵循和平共处五项原则，认为国家主权神圣不可侵犯。网络主权同属于国家主权。在网络空间治理新秩序上，中国认为各国应当相互尊重网络主权，不得以网络无疆界等借口为由干涉他国内政。2010 年 6 月 8 日，中国国务院新闻办公室发布的《中国互联网状况》白皮书强调，

"互联网是国家重要基础设施，中华人民共和国境内的互联网属于中国主权管辖范围，中国的互联网主权应受到尊重和维护"。"各国都有参与国际互联网基础资源管理的平等权利，应在现有管理模式的基础上，建立一个多边的、透明的国际互联网基础资源分配体系，合理分配互联网基础资源，促进全球互联网均衡发展"。❶ 2015 年 12 月 16 日，在第二届世界互联网大会开幕式上，国家主席习近平发表演讲指出，"《联合国宪章》确立的主权平等原则是当代国际关系的基本准则，覆盖国与国交往各个领域，其原则和精神也应该适用于网络空间。我们应该尊重各国自主选择网络发展道路、网络管理模式、互联网公共政策和平等参与国际网络空间治理的权利，不搞网络霸权，不干涉他国内政，不从事、纵容或支持危害他国国家安全的网络活动。"❷ 在网络空间合作治理新秩序上，中国强调的是网络主权的属性，各国应当相互尊重国家主权。而美国一贯在全球治理体系中秉持着霸权主义思想，2011 年 5 月 16 日，美国政府发布首份《网络空间国际战略》，宣称要建立一个"开放、互通、安全和可靠"的网络空间，并为实现这一构想勾勒出了政策路线图，内容涵盖经济、国防、执法和外交等多个领域，"基本概括了美国所追求的目标"。❸ 在美国《网络空间国际战略》中，网络自由是其核心理念之一。美国除了积极构建和维护现实世界国际政治经济秩序之外，正在试图通过网络自由战略构建虚拟世界国际新秩序，实现美国霸权主义在虚拟世界的扩张，通过对互联网传播系统的控制为其霸权提供合法性理由。❶

当前，虽然全球网络空间战略不断发展，但是作为绝对的网络自由并不存在，任何国家都会本能为网络安全而实施必要的管制，严禁利用网络

---

❶ 《中国互联网状况》白皮书（全文）［EB/OL］. （2010-06-08）［2018-10-22］. http://politics. people. com. cn/GB/1026/11813615. html.

❷ 在第二届世界互联网大会开幕式上的讲话［EB/OL］. （2015-12-16）［2018-10-22］. http://news. xinhuanet. com/zgjx/2015-12/17/c_134925295. htm.

❸ 唐岚. 解读美国《网络空间国际战略》［J］. 世界知识，2011，（12）：43-48.

❶ 福特纳. 国际传播："地球都市"的历史、冲突与控制［M］. 刘利群，译. 北京：华夏出版社，2000：107.

煽动颠覆政府、鼓吹民族分裂等行为。美国强调所谓的网络自由，就是要通过承认本国对网络空间监控的合理性，进而霸道的指责对其他国家对网络的依法监管是在限制网络自由。网络空间信息的流通应该是在保障安全的前提下的自由流通。2016 年 11 月 7 日为维护国家安全利益，中国颁布《中华人民共和国网络安全法》，这部全面规范网络空间安全管理方面问题的基础性法律，是依法治网、化解网络风险的法律重器，是让互联网在法治轨道上健康运行的重要保障。法律明确提出了政府、公民维护网络安全的义务和责任，加大了违反网络安全行为的惩处力度，并将监测预警与应急处置措施制度化、法制化，为中国的网络安全保驾护航。

3. 中美网络空间合作治理的前景展望

中美两国在构建网络空间合作治理体系中具有的共同利益是中美两国开展网络空间合作、共同推动网络空间合作治理体系构建的基础。中美两国对稳定、开放、安全的全球网络环境的共同需求、双方形成的官方与民间对话机制等，为中美开展网络空间合作提供了多元化渠道。在网络安全方面，网络恐怖主义、恶意网络黑客威胁、网络犯罪等问题是中美两国面临的严重问题。而网络空间本身具有匿名性、开放性和全球互联性，网络安全领域的新形势，使世界任何国家难以独善其身，不得不谋求与其他国家加强合作关系。中美单凭一己之力难以有效维护国家网络安全，采取双边或多边合作机制是较为可行的有效办法。在网络经济方面，美国先进的网络信息技术与中国广阔的网络市场具有一种互补性，美国如果放宽除关系到国家安全的核心网络技术之外的其他先进网络技术的输出限制，中美可以更好地实现网络经济的互惠共赢。

中美在网络空间合作治理中开展合作，不仅有利于拓展两国共同利益，更有利于推动全球网络空间合作治理体系的构建。两国有责任加强合作，确保网络空间成为人类社会繁荣发展的推进器，而不是诱发矛盾和冲突的新源头。目前，网络空间缺乏能够为多数国家所接受的行为准则，中美双方需要发挥带头作用，弥合各方分歧，引领网络空间的规则制定和制度建设。习近平主席强调指出，中美关系的本质是互利共赢。❶ 网络空间未来应成为拓展中美共同利益、增进合作的又一重要领域。中美在网络空间的积极互动，将进一步充实中美新型大国关系内涵，为其注入新能量。一方面，网络空间涉及政治、经济、安全、执法、外交等诸多领域，网络空间的问题具有异常的复杂性，中美能够在网络空间合作治理中展开深入合作，有助于两国积累处理复杂难题的经验，有利于培育战略互信，成为推进构建中美新型大国关系的重要推进器。另一方面，中美两国作为世界性大国本身就具有全球性，这就为中美共同引领网络空间合作治理体系的构建奠定了基础。

（二）中国与欧盟网络空间合作治理现状

近年来，中国与欧盟双边关系不断深入发展，双边贸易领域不断扩展，在此带动下，中欧网络空间合作治理也向着更加务实的方向发展。中国与欧盟在网络空间技术、网络经济及网络安全方面积极开展务实的交流与合作，致力于打造共同的数字市场，推动中国与欧盟网络空间命运共同体的构建。

1. 中欧网络空间合作治理的主要内容

2014 年 4 月，中国外交部发布《深化互利共赢的中欧全面战略伙伴关系——中国对欧盟政策文件》。该文件针对中欧两国网络空间合作作出了明确的规定：中欧要加强信息技术、电信和信息化对话机制，包括开展与其相关战略、政策、法规等方面的交流与对话致力于推动信息技术产品贸易和产业技术的合作交流。鼓励扩大知识产权、技术标准的交流，不断提高中欧知识产权合作层次和水平。加强中欧在信息安全尤其是网络安全方面的合作与交流，推动构建和平、安全、开放、合作的网络空间。❷ 当前，

---

❶ 习近平. 中美关系本质是互利共赢　要有效管控分歧 [EB/OL]. （2011-12-07）[2020-06-13]. http://www.chinanews.com/gn/2011/12-07/3513955.shtml.

❷ 深化互利共赢的中欧全面战略伙伴关系——中国对欧盟政策文件 [EB/OL]. （2014-04-02）[2018-10-22]. http://www.gov.cn/xinwen/2014-04/02/content_2651490_3.htm.

中欧网络空间国际合作的具体实践主要集中在中欧的信息技术产品贸易和产业技术合作交流上，网络合作机制与网络安全合作也在进一步发展和深化。

首先，中欧加强网络空间技术合作。中欧双边网络空间技术合作的发展呈现出由低速连接向高速互联的发展阶段。目前，中欧网络空间技术合作正以高速互联为牵引，深入开展全方位信息产业和通讯产业的合作。1996 年中德学术网络研究开启，此后开通了中英的学术网络。以此为基础，欧盟"第六框架"计划把中国纳入他的战略合作对象，中欧双方在此基础上开展了许多项目的合作，其中主要包括基于网络高速互联的下一代互联网重大研究项目的合作及空间技术领域的合作。2006 年 1 月 12 日，中国和欧盟签署了中欧先进网络高速互联以及相关应用合作协议，这项重要的科技合作项目标志着中欧全面启动下一代互联网研究与建设。根据该协议，中国进一步加强了与欧洲在高速网络互联、高带宽技术的研发与应用等方面的合作。中国教育和科研计算机网与欧洲建立了 2.5G 以上高速的网络互联。中国与欧洲的下一代互联网高速连接，为中欧两国在互联网科技上的研发合作提供了优越的平台。2013 年 11 月，中国发布的《中欧合作 2020 战略规划》中，重点关注的就是贸易和投资、研究和创新等领域，强调在互联网及新一代无线通信技术等重点领域制订公正、合理、有效的规则，支持并推动构建和平、安全、有弹性和开放的网络空间。❶ 这对于中欧两国在世界贸易组织这个中心舞台上，积极开展信息技术交流与合作，推动网络空间合作深入发展具有重要的作用。2014 年，中欧进一步加强信息技术和信息产业利领域的交流与合作，致力于共同定义并引领全球信息与通信技术行业的未来发展。信息与通信技术行业能够覆盖地球的每个角落，有效推动各行业的发展。当前，中国与欧洲已经建立了互惠互利的关系。根据欧盟统计局发布的数字，2015 年，中国继续保持欧盟第二

---

❶ 中欧合作 2020 战略规划 [EB/OL]. (2013-11-23) [2018-10-22]. http://news.xinhuanet.com/3gnews/2013-11/23/c_125751496.htm.

大贸易伙伴地位。中欧贸易额为 5210 亿欧元，占欧盟贸易总额 15%，中国为欧盟最大进口来源国、第二大出口目的国，各占欧盟进出口额 20% 和 10%。● 中欧之间在网络空间技术行业领域优势互补明显。欧盟拥有高素质的人才和突出的研发能力，其高度发达的网络与通信技术行业长期以来领先世界。中国拥有丰富的人力资源和庞大的市场，在网络空间技术领域以及相关网络信息产业行业逐渐成熟并发展迅速。中欧双方在网络空间技术合作领域具有广泛的共同利益。同时，也为推动双方在网络空间合作治理体系构建提供了天然的战略合作平台，能够更好地推动经济发展、互联和创新，同样推动双边市场准入和合作，为双方经济发展提供了绝佳机遇，切实地惠及两地人民。2015 年 7 月 7 日，第一届中欧数字合作圆桌会议召开，中欧双方都希望分利用自身的技术和市场优势进行互补，使得欧洲的数字化进程和中国的"互联网+"行动计划能够更好地结合。当前，中欧双方在推动移动通信网络技术 4G 的普及和 5G 标准研发，以及推动下一代互联网技术方面都具有非常广阔的合作空间，尤其是中欧现在仍然存在近 8 亿人的网络缺口，这又构成了中欧在互联网产业领域合作的巨大的潜在市场。中欧双方的与会代表们围绕中国"互联网+"、容克投资计划、一带一路、中欧互联网产业合作等主题展开热烈讨论，并在建立中欧高层数字对话机制、研发下一代移动通信技术、信息基础设施合作等六个方面达成了合作与共识。2015 年 9 月 28 日，中欧双方签署了互联网技术的战略合作协议并得到了欧盟的认可。接下来，中欧双方将加大在关键网络空间技术领域的研发合作，促进网络空间技术的联合研究和企业参与并积极推动相关网络空间技术国际标准的制定。2016 年 7 月 15 日，在第七次中欧信息技术、电信和信息化对话会议上，中国工信部表示，积极落实中欧双方达成的共识，特别是加强中欧在 5G、智慧城市建设、物联网等领域的合作，不断丰富合作内容，拓展合作深度。欧盟通信网络、内容与技术总

● 2015 年中国保持欧盟第二大贸易伙伴、最大进口来源国［EB/OL］.（2016-04-01）［2018-10-22］. http://at. mofcom. gov. cn/article/jmxw/201604/20160401288690. shtml.

司副总司长盖尔·肯特表示，信息与通信技术行业（ICT）领域发展迅速，开放程度不断加大，中欧双方在信息与通信技术行业（ICT）政策方面合作越来越紧密，为促进经济发展起到了非常重要的作用，中欧双方在战略方面拥有很多共识，有必要继续加强合作，实现互惠互利。❶ 当前，中欧正以"互联网+"为牵引，在"一带一路"战略框架内深化在网络空间合作治理中的务实、深入的合作。

其次，中欧不断完善网络空间合作机制。中欧开展网络空间合作治理的机制不断发展完善。2009 年 7 月，中欧第一次信息技术、电信和信息化对话在北京举行。该机制的对话议题主要集中在信息通信技术应用、信息化和信息安全领域。2010 年 12 月，第二次中欧信息技术、电信和信息化对话会议在布鲁塞尔召开。中欧双方针对网络空间技术的有关政策，宽带网建设，未来互联网、物联网和 IPV6，信息通信技术改造传统产业，信息安全，推动基于互联网的新兴产业、智能工业和未来工厂发展六个议题进行了对话。❷ 中方具体介绍了中国"十二五"信息化发展规划的制定、中国物联网应用和政策思路、数字城市、中国信息安全保障体系、中国企业信息与通信技术应用等，并提出了有关合作建议。欧方就欧洲数字议程、宽带网有关行动、未来互联网和物联网的研究和有关合作、信息与通信技术在能源和交通等领域的应用、未来工厂等进行了介绍，提出了合作建议，并就信息安全监管、标准化等议题进行了沟通和交流。中欧双方在加强未来互联网和物联网的研究、开展中欧企业和机构的交流、加强信息与通信技术行业的交流，开展云计算等新兴领域的研究以及开展信息安全标准的研究等多个方面展开合作。2011 年 11 月，第三次中欧信息技术、电信和信息化对话会在成都召开。此次对话加入了电信监管及政策等议题，

---

❶ 中共中央网络安全和信息化领导小组办公室. 第七次中欧信息技术、电信和信息化对话会议在京召开［EB/OL］.（2016-07-16）［2018-10-22］. http://www.cac.gov.cn/2016-07/16/c_1119229318.htm.

❷ 第六次中欧信息通讯技术和信息化对话在布鲁塞尔举行［EB/OL］.（2015-11-24）［2020-06-13］. http://www.most.gov.cn/gnwkjdt/201511/t20151124_122458.htm.

并对绿色智慧城市、监管问题、未来互联网、物联网、应用电子技术/智能交通、信息安全/网络安全等六个议题进行了讨论。❶ 2013 年 4 月，第四次中欧信息技术、电信和信息化对话会议在布鲁塞尔召开，中欧双方就智慧城市、物联网、宽带及云计算等议题交换了意见。❷ 2014 年 4 月，第五次中欧信息技术、电信和信息化对话会议在扬州召开，中欧双方就网络技术政策发展、网络技术管理、宽带、移动 5G、网络安全、物联网、电子商务、智慧城市、医疗电子、云计算等议题交换了意见。❸ 2015 年 6 月，中欧第六次中欧信息技术、电信和信息化对话会议在布鲁塞尔召开，双方总结了第五次对话纪要的落实情况，就信息通信监管、网络安全与数字经济、研发创新与远程数据访问、标准化、物联网、智慧城市，以及其他双方感兴趣的合作内容交换了意见，探讨了中欧信息技术、电信和信息化对话的未来工作机制。❹ 2015 年 7 月，第一届中欧数字合作圆桌会议在布鲁塞尔召开。会议签署了《中国互联网发展基金会与中欧数字协会合作意向书》及中国联通与诺基亚公司《技术远景 2020 合作协议》。❺ 此次会议致力于落实第十七次中欧领导人会晤成果、探讨建立中欧在互联网、大数据、电子商务、数字投资及高新科技创业企业等领域的具体合作机制。中欧双方围绕信息与通信技术行业政策与数字经济、信息与通信技术行业监管、第五代移动通信研发、通信标准化、智慧城市建设、物联网和工业数字化等议题进行了交流发言和深入讨论，实现了增信释疑、扩大共识、深化合作的目标。中欧信息技术、电信和信息化对话机制自建立以来，中欧

❶　第三次中欧信息技术、电信和信息化对话会昨在蓉召开 [EB/OL]. (2011-11-01) [2020-06-13]. http://news.sina.com.cn/o/2011-12-01/035023554024.shtml.
❷　第四次中欧创新合作对话在布鲁塞尔召开 [EB/OL]. (2013-10-24) [2020-06-13]. http://www.most.gov.cn/kjbgz/201904/t20190411_146067.htm.
❸　第五次中欧信息技术及电信和信息化对话会议在扬州召开 [EB/OL]. (2014-04-30) [2020-06-13]. http://www.gov.cn/govweb/xinwen/2014-04/30/content_2669504.htm.
❹　第六次中欧信息通讯技术和信息化对话在布鲁塞尔举行 [EB/OL]. (2015-11-24) [2020-06-13]. http://www.most.gov.cn/gnwkjdt/201511/t20151124_122458.htm.
❺　中欧数字合作圆桌会议召开 [EB/OL]. (2015-07-06) [2020-06-13]. http://www.hui.net/news/show/id/2024.

双方在信息通信技术领域开展了卓有成效的政策交流和技术项目合作。

再次，中欧深化网络安全领域的合作。随着中欧战略伙伴关系的深入发展，中欧双边互信不断提升，中欧双边网络安全合作也在不断深化。中欧双边网络安全合作主要集中在打击网络犯罪、应对网络安全挑战等方面。2011 年 5 月，第二轮中欧高级别战略对话结束后，傅莹和欧盟对外行动署首席执行官奥沙利文共同回答了中外记者提问。傅莹表示，这次战略对话谈得最多、最集中的问题就是中国和欧洲之间的合作。双方认为，中国的"十二五"规划和"欧洲 2020"战略有许多契合点，为中欧进一步拓展合作提供了新的重要机遇。❶ 中欧双方进一步扩大合作，合作领域不断扩展，网络安全领域的合作也将进一步深化。2013 年 11 月，第十六次中国欧盟领导人会晤发表《中欧合作 2020 战略规划》，在和平与安全内容中指出：支持并推动构建和平、安全、有弹性和开放的网络空间。通过中欧网络工作小组等平台，推动双方在网络领域的互信与合作。在《联合国打击跨国有组织犯罪公约》和《联合国反腐败公约》框架下，在打击跨国犯罪、非法移民、网络犯罪等方面开展具体项目合作，适时就反恐问题举行专门磋商。❷ 2014 年 4 月，中国外交部发布的《深化互利共赢的中欧全面战略伙伴关系——中国对欧盟政策文件》指出，要通过中欧网络工作小组等平台，促进中欧在打击网络犯罪、网络安全事件应急响应和网络能力建设等领域务实合作，共同推动在联合国框架下制订网络空间国家行为规范。❸ 如今，国际社会日益加强在网络安全问题上的合作，越来越多的国家采取务实的态度，将制定安全法律法规列入其日程。然而，欧洲和中国等领先国家和地区除了制定本国或本地区议程，还应携手应对网络安全挑

❶ 中华人民共和国驻德意志联邦共和国大使馆. 外交部副部长傅莹在第二轮中欧高级别战略对话后回答记者提问实录 [EB/OL]. (2011-05-02) [2018-10-22]. http://www.fmprc.gov.cn/ce/cede/chn/zgyw/t823145.htm.
❷ 第十六次中国欧盟领导人会晤发表《中欧合作 2020 战略规划》[EB/OL]. (2013-11-24) [2018-11-10]. http://paper.people.com.cn/rmrb/html/2013-11/24/nw.D110000renmrb_20131124_1-03.htm.
❸ 深化互利共赢的中欧全面战略伙伴关系——中国对欧盟政策文件 [EB/OL]. (2014-04-02) [2018-11-10]. http://www.gov.cn/xinwen/2014-04/02/content_2651490_3.htm.

战。中欧需要共同制定一致通过的新行为准则、新标准和新法律，并在保护隐私和安全方面实现真正的平衡。

2. 中欧网络空间合作治理面临的现实问题

中欧之间在贸易保护问题上存在分歧，一定程度上影响了双方在网络空间合作治理的务实合作，尤其是在网络空间安全领域，欧盟对中国存在一定戒备心理。

首先，在网络技术产业领域欧盟针对中国实施贸易保护。尽管中欧之间的经贸合作取得了巨大成就，但摩擦问题却始终存在，而这些因素影响着中欧经贸关系平稳健康地发展，在一定程度上成为中欧开展网络空间国际合作的限制因素。贸易关系中最重要、最活跃的是经贸关系，经贸关系的不稳定不仅会影响双方的贸易关系，还会在不同程度上损害双方的政治互信及政治合作。随着中欧关系的日益密切，贸易摩擦是不可避免的。近年来，中欧贸易呈现上升势头，但是随着我国大量廉价商品进入欧洲市场，产生了中国的贸易顺差，随之而来的就是欧盟的贸易保护主义。欧盟成员国们开始对中国的各类产品进行反倾销，这也成为欧盟贸易保护主义的手段。

随着中国在网络空间领域的快速发展，尤其是相关网络技术品牌和企业近年的壮大，及其产品在全球市场获得快速发展，引起了部分国家和地区对中国产品快速扩张的担忧，一些市场出现了针对中国产品的"双反"措施。此外，中欧双方对中欧经贸关系中的多项重点议题进行了讨论，特别是在电信领域开展合作问题。因欧盟的贸易保护主义，使得中欧信息产业合作一直磕磕绊绊，中欧信息产业合作是中欧大力发展网络合作的重要内容，欧盟信息产业的贸易主义在一定程度上成为影响中欧网络空间合作深入发展的因素。

其次，中欧双方在网络安全方面互信程度有待进一步提高。中国和欧盟的成员国之间由于政治制度的不同，对于很多事务的认知也不尽相同，甚至对有些问题的认知存在较严重的分歧。这在一定程度上影响了中欧两国在网络空间合作的自由。在现代化建设上，中国结合本国的实际情况走出了具有中国特色的发展道路，然而这与欧盟的发展轨迹具有差异性，使得欧洲人对于中国的发展缺乏足够的、正确的了解。2001 年，尽管中欧建立了全面伙伴关系，为中国在各个领域深入合作、共同发展提供了良好的基础，但是，随着中欧在伽利略全球卫星定位系统领域合作的深入，这种全方位、深层次的接触却引发了欧洲各方的焦虑、质疑甚至是戒备。欧洲媒体和学者群体介入，报道和分析中欧的负面摩擦，都在一定程度上影响了欧盟的决策，进而影响中欧在网络安全领域的合作。从历史的发展来看，中欧合作的内容在增加，分歧和摩擦也在增加，其关系比较复杂。但是，中欧在拉动双方的经济增长，推动现有国际体系金融体系改革与维护网络空间安全等诸多方面是拥有共同利益的，未来只有更加重视解决中欧合作中面临的现实问题，才能进一步拓展中欧务实合作的广度和深度。

3. 中欧网络空间合作治理的前景展望

2015 年 2 月 27 日中国社会科学院发布了《中欧关系研究报告（2014）》，指出：无论从国际环境来看，还是从双方各自发展的需要来看，中欧关系在未来的十年将向更好的方向发展，其前景值得期待。❶ 当前，中国是欧盟第二大贸易伙伴，而欧盟已经成为中国最大贸易伙伴。在经济全球化迅猛发展的大背景下，作为世界上举足轻重的经济体，中欧双方的经贸关系已经成为全球经济的重要支柱，而更高层次的政治合作是维持经济支柱持续稳定的重要保证。2013 年 11 月，中欧双方共同制定的《中欧合作 2020 战略规划》确定了中欧在和平与安全、繁荣、可持续发展、人文交流等领域加强合作的共同目标，将促进中欧全面战略伙伴关系在未来数年的进一步发展。双方将以年度领导人会晤为战略引领，以高级别战略对话、经贸高层对话、高级别人文交流对话机制等中欧合作三大支

---

❶ 中国社会科学院.《中欧关系研究报告（2014）》［EB/OL］.（2014-02-27）［2018-11-10］. http://news. xinmin. cn/domestic/2014/02/27/23638493. html.

柱为依托，通过定期会晤和各领域广泛对话，全面落实这一规划。❶ 2015
年，中欧双方就加强中欧发展战略对接达成共识，为四大伙伴关系建设增
添了新抓手。主要体现在双方同意推进三大对接，即中国"一带一路"倡
议同欧洲发展战略的对接、中国国际产能合作同容克投资计划的对接、中
国—中东欧"16+1 合作"同中欧整体合作相对接。2016 年 6 月 22 日，欧
盟委员会正式通过一份题为《欧盟对华新战略要素》的文件，勾画了欧盟
在未来五年对华关系的蓝图。2016 年 6 月底，欧盟对外行动署提出了欧盟
全球战略，其中重点提到了中国元素。中国"十三五"规划纲要和《政府
工作报告》表明，创新、协调、绿色、开放、共享是未来中国发展的五大
理念，这样的发展及中国的结构性改革对包括欧洲在内的整个世界发展都
具有深远意义和积极影响。

因此，在中欧关系向着更深入的方向发展的大背景下，中欧网络空间
合作也将会向更深的领域迈进。中欧在投资高效的交通运输网和智慧能源
发展基础之上，致力于建立一个连接中国和欧洲的数字丝绸之路、未来之
路、5G 和超高速宽带之路成为迫切的需求。欧盟目前正在重新审视其电信
和互联网行业的规则，希望通过整合成员国各自独立的数字市场，建立起
欧洲单一数字市场来增强行业竞争力并实现规模经济发展。中国电信和互
联网企业也将在欧盟国家公共协商中发挥积极作用，积极参与欧盟内部数
字市场规则制定的协调。

（三）中国与俄罗斯网络空间合作治理现状

中国与俄罗斯在网络空间合作层面优势互补，在网络空间合作治理体
系构建层面，两国合作的前景十分广阔。党的十八大以来，中国正确处理
安全和发展、开放和自主、管理和服务的关系，探索出了一条中国特色的
互联网发展治理之路。当前，中国有近 7 亿网民，还有 7 亿人正在逐步成

---

❶ 中欧合作 2020 战略规划 ［EB/OL］. （2013-11-23）［2018-11-10］. http://news. xinhua-
net. com/3gnews/2013-11/23/c_125751496. htm.

为网民，有 400 多万家网站，互联网经济以年均 30% 以上速度增长。习近平主席强调，中国互联网事业要在践行创新、协调、绿色、开放、共享的新发展理念上先行一步，更好造福 13 亿多中国人民和世界各国人民。❶ 近年来，中俄网络关系快速发展、持续向好，网络空间政策、技术、商业、人文等领域合作全方位推进，华为、阿里巴巴等中国企业在俄罗斯积极发展业务，特别是中俄跨境电商呈现井喷式增长，成为双方经贸合作新亮点。当前，中俄关系正处于历史最好时期，随着两国关系的深入发展，两国领导人在高度重视网络空间合作的基础上，中俄两国大力加强在信息技术与信息产业、构建网络合作平台与机制及网络安全领域等方面的合作。

1. 中俄网络空间合作治理的主要内容

（1）中俄推动网络空间合作治理的发展。

随着中俄战略协作伙伴关系的深入发展，中俄两国领导人高度重视两国在推进网络空间合作治理的实践，尤其是致力于加强网络安全的维护及网络治理体系构建等方面的合作上。2009 年 6 月，中俄在上海合作组织框架内签署了关于在国际信息安全领域合作的协议。2011 年 9 月，中俄向第 66 届联大提交"信息安全国际行为准则"。"信息安全国际行为准则"文件就维护信息和网络安全提出一系列基本原则，涵盖政治、军事、经济、社会、文化、技术等各方面，包括合作打击网络恐怖主义和网络犯罪以及推动构建互联网国际管理机制。"信息安全国际行为准则"的提交引起了国际社会广泛关注，推动了信息和网络空间国际规则制定进程。❷ 2015 年 1 月，中国、俄罗斯、哈萨克斯坦等六国向联合国申请将"信息安全国际行为准则"更新草案作为第 69 届联大正式文件发布，希望各国能够在联合国框架内进一步讨论，尽早就规范各国在信息和网络空间行为的国际准则和规则达成共识。中俄在联合国、国际电信联盟、上合组织、金砖国家

---

❶ 落实创新协调绿色开放共享发展理念，确保如期实现全面建成小康社会目标［EB/OL］.（2016-01-07）［2018-12-08］. http://finance. people. com. cn/n1/2016/0107/c1004-28022615. html.

❷ 中俄等国提交"信息安全国际行为准则"更新草案.［EB/OL］.（2015-01-10）［2020-06-13］. https://world. huanqiu. com/article/9CaKrnJGyHQ.

等框架内积极合作，达成了《信息安全国际行为准则》等重要共识，为全球互联网治理体系朝着公平合理方向发展打下了良好基础。❶ 2015 年 5 月 8 日，中俄签署了关于在国际信息安全领域合作的双边协议，有人称其为网络空间"互不侵犯条约"。该协议进一步细化了两国政府承诺合作的具体措施，包括信息交流和提高科技与学术合作。协议签订后，中俄将继续协同推进信息安全建设。❷ 2015 年 12 月 16 日，第二届世界互联网大会在浙江古镇乌镇开幕。世界各国领导人和 IT 界人士再度聚首，共商全球互联网治理大计。习近平主席在主旨讲话中就"推进全球互联网治理体系变革"提出了四点原则，即"尊重网络主权""维护和平安全""促进开放合作""构建良好秩序"，并宣示了构建"网络空间命运共同体"的五点主张，即"加快全球网络基础设施建设，促进互联互通""打造网上文化交流共享平台，促进交流互鉴""推动网络经济创新发展，促进共同繁荣""保障网络安全，促进有序发展""构建互联网治理体系，促进公平正义"。梅德韦杰夫在随后的致辞中，对习近平主席提出的治理理念做出了积极呼应。中俄在互联网领域有以下几个方面拥有共识：一是网上监听、网络恐怖、网络犯罪呈泛滥之势，全球互联网治理体系已到了非变革不可的地步；二是互联网作为全球信息平台，应该"共享""共治"，不应该由单一国家实施管理；三是互联网关乎国家主权和安全，并非"法外之地"。❸ 此次会议上，中俄两国均强调，制定治理互联网国际规则的前提是要尊重国家主权，不干涉别国内政。2016 年 6 月 26 日，中华人民共和国主席和俄罗斯联邦总统关于协作推进信息网络空间发展的联合声明。随着信息基础设施和信息通信技术的长足进步，信息网络空间深刻改变了人类的生产生

---

❶　中俄等国向联合国提交"信息安全国际行为准则"文件［EB/OL］.（2011 - 09 - 13）［2020-06-13］. https://news. qq. com/a/20110913/000146. htm.

❷　中俄签署国际信息安全合作协定［EB/OL］.（2015-05-12）［2020-06-13］. http://politics. people. com. cn/n/2015/0512/c70731-26987693. html.

❸　中俄乌镇再续"网络情缘"两国 IT 大佬今或签合作协议［EB/OL］.（2015-12-17）［2018-12-08］. http://news. china. com. cn/world/2015-12/17/content_37336544. htm.

活，有力推动着社会发展。❶ 一个安全稳定繁荣的信息网络空间，对两国乃至世界和平发展都具有重大的意义。两国将共同致力于推进信息网络空间发展，更好地造福两国人民乃至世界人民。声明指出，信息网络空间正面临着日益严峻的安全挑战，信息技术滥用情况严重，包括中俄在内的各国都拥有重要的共同利益与合作空间，理应在相互尊重和相互信任的基础上，就保障信息网络空间安全、推进信息网络空间发展的议题，全面开展实质性对话与合作。在互联网治理体系方面，中俄倡议建立多边、民主、透明的互联网治理体系，支持联合国在建立互联网国际治理机制方面发挥重要作用。中俄将恪守尊重信息网络空间国家主权的原则，支持各国维护自身安全和发展的合理诉求，倡导构建和平、安全、开放、合作的信息网络空间新秩序，探索在联合国框架内制定普遍接受的负责任行为国际准则。

中俄两国在协作推进网络空间发展的联合声明中达成共同倡导推动尊重各国网络主权，反对侵犯他国网络主权的行为；共同倡导推动尊重各国文化传统和社会习惯，反对通过信息网络空间干涉他国内政，破坏公共秩序，煽动民族间、种族间、教派间敌对情绪，破坏国家治理的行为；加强信息网络空间领域的科技合作，联合开展信息通信技术研究开发，加大双方信息交流与人才培训；加强信息网络空间领域的经济合作，促进两国产业间交往并推动多边合作，向发展中国家提供技术协助，弥合数字鸿沟；切实维护两国公民在互联网的合法权利，共同致力于构建和平、安全、开放、合作的信息网络空间新秩序；加大工作力度，预防和打击利用网络进行恐怖及犯罪活动，倡议在联合国框架下研究建立应对合作机制，包括研究制定全球性法律文书；开展网络安全应急合作与网络安全威胁信息共

---

❶ 中华人民共和国主席和俄罗斯联邦总统关于协作推进信息网络空间发展的联合声明［EB/OL］.（2016-06-26）［2020-06-13］. http://www.xinhuanet.com/politics/2016-06/26/c_1119111901.htm.

享，加强跨境网络安全威胁治理的共识。❶ 中国两国在网络空间合作治理中的合作对于指引两国乃至世界的网络空间发展都具有十分重要的意义，它是新时期大国关系在网络空间合作中的新典范，倡导网络空间合作治理的互信和互相尊重，是维护网络安全、促进网络发展繁荣的新举措，是构建和平、安全、开放、合作的信息网络空间的新秩序，同时也是习近平主席一直倡导的建立多边、民主、透明的网络空间合作治理新思路的新体现。

（2）中俄不断加强在网络技术与信息产业领域的合作。

中俄两国在积极构建网络空间合作治理体系的同时，也不断加强在网络技术与信息产业领域合作。2014 年 11 月 18 日，中国最大的海外移动营销服务商与俄罗斯国内最大的社交平台开展深度合作。俄罗斯电子商务市场年销售额已经超过了 100 亿美元，到 2018 年增长 18%。这就为中国电商在未来进入俄罗斯市场提供了巨大的市场契机。俄罗斯网络公司负责人介绍，随着跨境购物的俄罗斯人越来越多，中国的速卖通、阿里巴巴和淘宝等电商平台受到俄罗斯网购者的欢迎，B2C 等外贸电商正在改变中俄贸易的格局。此次中俄两家网企实现跨境合作，对于推动中国企业走出去有着重要意义。❷ 2015 年 9 月，俄罗斯"信息卫星系统"对外界宣布与中国军方联合研制"通信之星"低轨宽频机动通信系统。该系统建成后，可取代银行结算系统，绕过美国商务部对域名实现独立管理。2015 年 12 月，在第二届互联网大会上，中俄两国领导人以及两国信息企业间频繁互动。时任俄罗斯总理梅德韦杰夫建议随行出席第二届世界互联网大会的俄罗斯网络企业家们自由活动，与中国公司建立起"直接联系"。他指出，俄罗斯技术的推广不是政治任务，而是要将其兜售出去创造经济利益。"斯科尔科沃"基金会副总裁伊戈尔·博加切夫则向《生意人报》描绘了中俄合

---

❶　中华人民共和国主席和俄罗斯联邦总统关于协作推进信息网络空间发展的联合声明（全文）［EB/OL］.（2016-06-26）［2018-12-15］. http://news.xinhuanet.com/world/2016-06/26/c_1119111901.htm.

❷　宋胜男. 中俄互联网合作加速［N］. 人民日报海外版，2014-11-27（6）.

作的前景：俄罗斯研发商准备向中方提供数据传输、网络安全、无人机运输方面的新技术。2016 年 5 月 16 日，俄罗斯总统办公厅责成俄互联网研究会启动"互联网+中国"项目组工作，这是第一次以国家名字命名的项目。"互联网+中国"项目合作单位包括了俄罗斯的信息产业公司以及中国的乐视、华为、京东、百度等信息产业公司，该项目的首个举措就是通过两国信息产业公司的合作促进俄罗斯数字内容通过每月受众 8.5 亿人的乐视向中国推广。"互联网+中国"工作组支持和推动俄罗斯信息产品向中国的出口，同时也为俄罗斯企业吸引来自中国互联网公司和基金的投资、促进双方战略合作、相互推广数字项目。❶ "互联网+中国"项目的推出，为两国的信息产业市场开拓和互联网产业发展提供强大动力。2019 年 6 月，华为与俄罗斯最大移动运营商之一 MTS 签署了发展 5G 技术的协议。❷ 协议声明，华为将协助俄罗斯建设 5G，并于 2019 年和 2020 年在俄罗斯试点推出 5G 网络。目前俄罗斯在莫斯科、圣彼得堡、喀山已建成了 5G 网络试验区。俄罗斯也公布了 2020 年前发展 5G 技术构想草案最新版本，提出将优先选择中国使用的信号频段，意味着两国的 5G 合作将更进一层。俄罗斯在草案中提出，将使用 4.4 千兆赫~4.99 千兆赫频段打造 5G 网络。目前俄罗斯大众传媒与通讯部已经开始与俄罗斯通讯设备制造商就这个项目开展工作并于 2019 年 11 月提交准备情况的报告。俄罗斯联邦工业和贸易部成立财团为 5G 网络的建设提供完整的产业线，包括研发软件、硬件和电子组件。❸

（3）中俄不断完善网络空间合作机制与平台。

近年来，为积极构建网络空间合作治理体系，为中俄两国在网络空间领域的深化合作创造更好的条件，中俄两国不断推动网络空间合作机制与

---

❶ 俄总统办公厅启动"互联网+中国"项目 [EB/OL]. (2016-05-18) [2018-12-15]. http://www.xinhuanet.com//politics/2016-05/18/c_128991571.htm.

❷ 华为与俄罗斯最大运营商 MTS 签拉斐特 5G 合同 [EB/OL]. (2016-05-18) [2020-06-13]. https://finance.china.com/tech/13001906/20190606/36347869.html.

❸ https://baijiahao.baidu.com/s?id=1641740139052186015&wfr=spider&for=pc.

平台的建设，促进中俄两国网络安全领域的合作与对话。2015 年，中国网络空间安全协会与俄罗斯的安全互联网联盟签订了战略合作协议，这是中俄双方在信息安全领域政府层面开展的具有"里程碑"意义的协议。双方约定在网络空间发展与安全领域，从技术交流、人才培养、政策研究等方向开展深入全面合作。2015 年 5 月 8 日，中俄两国签署了《中俄国际信息安全领域合作协议》，中俄双方承诺不对彼此进行黑客攻击，并对可能"干涉国家内政""破坏国内政治和经济社会稳定"及"扰乱社会公共秩序"等技术采取共同的应对措施。同时，中俄还同意交换相关的信息与技术，确保两国信息基础设施的安全并在网络安全领域内展开合作。❶ 此份协定的签署体现了中俄两国在国际信息安全领域的高水平互信与合作，是中俄全面战略协作伙伴关系的重要方面，也为两国网络空间合作提供了法律和机制保障。2016 年 4 月 28 日，首届中俄网络空间发展与安全论坛在莫斯科举行。论坛旨在共同探讨中俄网络空间技术合作的前景，其主要目的是加强两国在信息安全领域的合作，为两国信息通信技术的发展、研究和学习制定共同的行动计划，彼此交流经验。首届"中俄网络空间发展与安全论坛"是 2015 年 12 月中国网络空间安全协会与俄罗斯安全互联网联盟签订的战略合作协议的第一次具体落实。此后，论坛将每年轮流在中国和俄罗斯召开，推进两国人才培养与共同研究项目的落实。论坛上，中俄双方代表就"通讯和媒体服务安全""个人信息安全""互联网内容的质量""制止网络犯罪""制止网上的新型宗教活动""未成年人网络保护"和"信息民主"等主要议题进行了探讨和交流。中国网络空间安全协会秘书长李欲晓指出，中俄两国网络安全领域行业协会作为国际互联网治理中重要的利益攸关方，在未来国际互联网治理体系中应发挥重要的作用，共同推动构建公正合理的互联网治理体系，维护本国网络主权、推动本国网络安全保障能力的建立。2016 年 6 月 25 日，中俄两国发布了关于协作推

---

❶ 首届中俄网络空间发展与安全论坛在莫斯科举行［EB/OL］.（2016-04-28）［2020-06-13］. http://whis. cssn. cn/gj/gj＿gjzl/gj_ggzl/201604/t20160428_2987753. shtml.

进信息网络空间发展的联合声明，"联合声明"第六项倡议"在联合国框架下建立应对合作机制"作为两国合作的重要目标。❶ 网络的影响是全球性质的，打击犯罪也应是全球性的。可见，中俄的联合声明并非是区域性的，未来这种合作模式将会影响世界各国，这符合互联网全球化的发展趋势。

（4）中俄不断深化在网络安全领域的合作。

网络安全领域务实深入的合作是中俄两国网络空间合作治理的重要方面。2015年5月8日，习近平主席访问俄罗斯期间，中俄两国签署了《中华人民共和国政府和俄罗斯联邦政府关于在保障国际信息安全领域合作协定》。协定强调了信息通信技术应用于促进社会和经济发展，国家主权原则同样适用于信息空间。指出中俄将致力于构建和平、安全、开放、合作的国际信息环境，建设多边、民主、透明的国际互联网治理体系，保障各国参与国际互联网治理的平等权利。❷ 该协定将网络监听、网络犯罪、网络恐怖主义活动及利用信息技术煽动民族冲突、干涉他国内政等列为国际信息安全领域的主要威胁。未来，中俄将在建立共同应对国际信息安全威胁的交流和沟通渠道，在打击恐怖主义和犯罪活动、人才培养与科研、计算机应急响应等领域开展合作，同时也将中俄两国信息安全领域的合作纳入联合国、国际电联、上海合作组织、金砖国家、东盟地区论坛等框架下进行。2015年12月16日，在第二届世界互联网大会上，中俄两国领导人都阐述了当前世界上网络监听、网络攻击、网络恐怖主义活动所带来的危害，强调了网络安全合作的重要性。中俄双方均表示不从事、纵容或支持危害他国国家安全的网络活动积极呼吁建立网络空间治理的世界性标准。2016年6月25日，中俄两国发布了《关于协作推进信息网络空间发展的联合声明》，《联合声明》称"信息网络空间正面临着日益严峻的安全挑

---

❶ 中俄关于协作推进信息网络空间发展的联合声明［EB/OL］.（2016-06-26）［2020-06-13］. http://www.chinanews.com/gj/2016/06-26/7917633.shtml.

❷ 中俄签署国际信息安全合作协议［EB/OL］.（2015-05-09）［2018-12-15］. http://politics.people.com.cn/n/2015/0512/c70731-26987693.html.

战，信息技术滥用情况严重，包括中俄在内的各国都拥有重要的共同利益与合作空间，理应在相互尊重和相互信任的基础上，就保障信息网络空间安全、推进信息网络空间发展的议题，全面开展实质性对话与合作"。此次声明的焦点在于明确对网络安全的重视，并提出日后合作的期许。例如，加强信息网络空间领域的科技合作，联合开展信息通信技术研究开发，加大双方信息交流与人才培训；加强信息网络空间领域的经济合作，促进两国产业间交往并推动多边合作，向发展中国家提供技术协助，弥合数字鸿沟；加大工作力度，预防和打击利用网络进行恐怖及犯罪活动，倡议在联合国框架下研究建立应对合作机制，包括研究制定全球性法律文书；开展网络安全应急合作与网络安全威胁信息共享，加强跨境网络安全威胁治理等。❶

当前，全球网络空间战略的飞速发展，使得网络空间已经成为继陆、海、空、天之后的"第五维空间"，是各国之间博弈的核心要点，更是维护国家安全的战略新疆域。2015 年全球网络安全支出为 750 亿美元，各国政府、企业都在积极应对复杂的网络威胁。中俄两国联合声明的发布，加之近期我国多次颁布与网络安全有关的法律法规，足见网络安全正受到更多重视，相关市场必将迎来快速增长。基于网络空间领域问题的复杂多变与安全需求，从政府层面来讲，需要迅速建立完善的网络安全监管机制，与国际上同样重视网络安全的国家达成战略合作、利用来自国际的先进网络安全技术都是可寻的捷径。2016 年 6 月，卡巴斯基实验室❷宣布发现地下黑市贩卖全球超过 7 万台被感染服务器权限，根据提供证据揭露目前被感染的服务器数量已经达到 17 万台以上，中国也位列受影响最严重的国家之一，受影响机构包括政府、运营商、电商、医院、房地产公司和学校等等。国际网络犯罪高发，我国需要联合能够参与国际执法机构行动的网络

---

❶　中华人民共和国主席和俄罗斯联邦总统关于协作推进信息网络空间发展的联合声明（全文）［EB/OL］.（2016-06-26）［2018-12-15］. http://news. xinhuanet. com/politics/2016-06/26/c_1119111901. htm.

❷　卡巴斯基实验室是国际著名的信息安全领导厂商总部设在俄罗斯首都莫斯科，创始人为俄罗斯人尤金·卡巴斯基。卡巴斯基反病毒软件是世界上最尖端科技的杀毒软件之一。

安全机构的力量，帮助政府、企业发现更多网络犯罪的行为并找出源头、提供解决方案。在俄罗斯方面，网络安全越来越受到重视，这就为中俄两国在网络安全领域的合作奠定了基础。俄罗斯国内高科技和网络安全领域，尤其是杀毒软件开发商和超级计算机制造商等网络技术企业，是具有战略意义的企业名单，国家重点扶持发展。这样的政策背景让俄罗斯成长出一批颇具实力的网络安全机构，比如已与我国政府、企业合作多年的卡巴斯基实验室。此次，中俄两国关于协作推进信息网络空间发展的联合声明指出，信息网络空间正面临着日益严峻的安全挑战，信息技术滥用情况严重，包括中俄在内的各国都拥有重要的共同利益与合作空间，理应在相互尊重和相互信任的基础上，就保障信息网络空间安全、推进信息网络空间发展的议题，全面开展实质性对话与合作。中俄两国呼吁，要加大工作力度，预防和打击利用网络进行恐怖及犯罪活动，倡议在联合国框架下研究建立应对合作机制，包括研究制定全球性法律文书。同时，开展网络安全应急合作与网络安全威胁信息共享，加强跨境网络安全威胁治理。当前，随着全球网络空间战略的快速发展，以及中俄两国在网络空间领域务实合作的推动作用，我们相信国家间关于网络安全领域的深入、广泛的合作必然会再进一步加大力度，网络空间安全合作也将成为未来网络空间合作治理中的一种趋势。

2. 中俄网络空间合作治理的前景展望

中俄是山水相连的友好邻邦，也是在全球事务中发挥着重要影响的大国。中俄已牢固建立起全面战略协作伙伴关系，政治互信和务实合作不断深化，成为和平共处、互利共赢的大国关系典范。

2016 年 6 月 25 日，中国国家主席习近平与俄罗斯总统普京就两国合作推进信息网络空间发展，让网络技术更好地造福两国乃至世界人民，建立安全稳定繁荣的网络空间等相关事宜发表了联合声明。❶ 中俄联合声明

---

❶ 中俄关于协作推进信息网络空间发展的联合声明［EB/OL］.（2016-06-26）［2020-06-13］. http://www.chinanews.com/gj/2016/06-26/7917633.shtml.

分别从科技与人才合作、经济合作、跨境网络安全合作三部分重构了中俄两国在信息网络空间领域的战略性合作关系。在科技与人才合作方面，科技和人才合作是双方互信与交流的基础，网络领域的发展关键是在技术的进步与人才的培养上，只有具有众多的创新型人才才能推动技术的进步。同时，技术的创新与人才的培养也是国家间竞争的核心内容之一。在此次声明当中，中俄两国提出就国家发展的核心领域中加强合作、同舟共济、共享共治，这也充分体现出中俄两国高度的互信，也为国际网络合作树立了典范。在经济合作方面，互联网的最终目的就是让社会经济发展，让人民获得国家发展的红利，因此网络经济与信息产业的合作是惠及中俄两国人民的基础。中国作为世界第二大经济体，在互联网发展领域上处于世界领先水平，在此次声明中，中俄两国明确提出向发展中国家提供技术协助，有力地驳斥了美国为首的西方国家所谓的"中国威胁论"，充分说明了中俄两国就是网络空间合作上的和平力量，是带动世界共同繁荣发展的中坚力量。在网络安全方面，如同习近平主席指出，"没有网络安全，就没有国家安全"。中俄两国都是网络黑客攻击的主要受害国，如何应对日益频繁的网络威胁，如何更好地保障两国人民生活安全，如何为自己争取一个相对安全的发展环境，如何避免两国经济受到网络侵害的影响，如何减小和消除网络空间不稳定因素的产生，这些都是中俄两国，乃至全世界各国所要共同面对的问题。中俄两国的密切合作，既是反对网络霸权主义，以和平发展为目标的合作，也是汇集热爱和平者和遏制不稳定因素的合作，更是保护国家网络主权与两国人民根本利益的合作。此次中俄两国"联合声明"向世界展示了中俄两国网络空间合作的诚意，互联网让全人类成为命运共同体，如何发展和治理互联网，对世界各国都是重大而紧迫的新课题。构建网络空间命运共同体是负责任的网络大国共同肩负的历史使命，中俄在这一领域展开的战略合作为全球做出了良好的示范，随着中俄网络空间国际合作的深入发展，未来中俄必将为全球网络空间和世界人民带来更多成果。

二、中国与东盟网络空间合作治理现状

近年来，中国与东盟关系发展迅速，尤其是在经贸领域的联系越来越紧密。在这样的大背景下，中国与东盟在网络空间合作治理中的战略合作也逐渐提上议事日程。中国政府大力推动"互联网+东盟"，提出构建"中国—东盟信息港"，得到了东盟国家的认可，双方正共同致力于推动在构建网络空间合作治理体系中的合作。

(一) 中国与东盟网络空间合作治理的主要内容

中国与东盟网络空间合作治理起步较晚，合作领域有限，但经过不断努力，也已取得了一些成果。

1. 积极推动网络空间合作治理平台的构建

中国与东盟在网络空间合作治理的实践建立在两个平台基础之上，初步形成了一些共识，并积极向更广泛领域里开展务实的合作。

第一，网络空间合作治理平台是中国—东盟电子商务峰会。2014 年 9 月，第一届中国—东盟电子商务峰会在广西西宁召开，峰会开展"跨境电商""数字互联网城市""互联网新经济趋势"三大主题交流，为中国—东盟电子商务合作发展激发新创意、聚合新资源、促成新项目，开启了自由贸易发展的新时代。❶ 2015 年 9 月的第二届峰会，以"'互联网+'新战略，中国—东盟新经济"为主题，围绕"中国—东盟'互联网+'新经济""中国—东盟跨境电商新基地""中国—东盟经贸信息港展望""中国—东盟创新创业新机遇"四个议题进行高端对话和深入交流，为"互联网+"时代电子商务的深度合作谋篇布局，打造中国—东盟电子商务合作交流的良好平台。❷ 这次峰会还举办了中国—东盟电商领袖交流会、中

---

❶ 2014 中国—东盟电子商务峰会在广西南宁举行［EB/OL］.（2014-09-17）［2020-06-13］. http://www.gov.cn/xinwen/2014-09/17/content_2751664.htm.

❷ 2015 中国—东盟电子商务峰会南宁举行［EB/OL］.（2015-09-18）［2020-06-13］. http://news.sina.com.cn/o/2015-09-18/doc-ifxhytxr3670664.shtml.

国—东盟电商创业交流会等活动，进一步促进了与东盟各国、各地区相关企业交流合作。在峰会上，中国和东盟的各国政要、重要商协会负责人、著名经济学家及中国与东盟领军网络企业的负责人共同参会，积极讨论。各方人士共同探讨"跨界发展，创新互联"的新模式，推动中国与东盟在电子商务领域形成"强链接""一体化"的中国—东盟电子商务生态圈，促进中国—东盟新经济产业的合作与交流。2016年9月的第三届峰会，以"'互联网+'引领未来、中国—东盟跨境合作"为主题，以"跨境电商""中国—东盟信息港""一带一路""创新发展"为中心话题，探讨"跨界互联，创新发展"新模式，将对中国—东盟电子商务发展产生了深远影响。❶ 峰会将围绕中国—东盟信息港、"电商广西、电商东盟"等重大项目实施开展讨论，凝聚共识，探讨解决项目建设中涉及的重点难点问题，将有力助推这些重大项目的实施。

第二个网络空间合作治理平台是中国—东盟网络空间论坛。2014年9月18日，首届"中国—东盟网络空间论坛"开幕，论坛主题为"发展与合作"。❷ 在论坛上，中方清晰阐述了互联网国际合作的思路，致力于推动全球互联网向均衡、健康和有序的方向发展。会上建造中国—东盟信息港的提议得到与会各国的认同。在论坛议题设置上，基础设施建设与弥合数字鸿沟、网络经济发展与国际合作、网络空间安全与网络治理、网络信息技术在防灾减灾领域的应用等热点问题成为焦点，富有现实针对性。2015年9月，中国—东盟信息港论坛在广西南宁举行。本次论坛以"互联网+海上丝绸之路——合作·互利·共赢"为主题，中国提出，未来中国互联网企业愿意在电信基础层、软件层、内容和应用层三个方面与东盟开展合作。❸ 未来中国—东盟信息港论坛必将成为加强中国与东盟国家信息化建

---

❶ 2016 中国—东盟电子商务峰会在南宁开幕 ［EB/OL］．（2016-09-11）［2020-06-13］. http://gx. people. com. cn/n2/2016/0911/c179430-28985495. html.

❷ 首届中国—东盟网络空间论坛开幕 ［EB/OL］．（2014-09-18）［2020-06-13］. http://tech. china. com. cn/internet/special/dmwllt/index. shtml.

❸ 中国—东盟信息港论坛闭幕 中方提出八点合作倡议 ［EB/OL］．（2015-09-14）［2020-06-13］. http://news. china. com. cn/2015-09/14/content_36582460. htm.

设、实现互联互通的重要推动力，必将成为深化中国与东盟国家务实合作的重要平台，必将服务于东盟各国经济社会发展，也必将给东盟各国人民带来福祉。中方就中国—东盟网络空间合作提出八点合作倡议，这将推动中国与东盟网络空间合作的深入发展。

2. 推动双方在网络空间合作目标上达成共识

2014 年的中国—东盟网络空间论坛上，中国提出打造中国—东盟信息港的倡议。❶ 2015 年 9 月，中国—东盟信息港论坛在南宁召开，中国—东盟信息港基地同时正式揭牌。❷ 2016 年，中国—东盟信息港论坛上，国家主席习近平提出携手建设更为紧密的中国—东盟命运共同体，并明确双方在网络空间各领域合作的具体目标：共享网络空间发展成果，携手建设更为紧密的中国—东盟命运共同体；共同打造中国—东盟信息港，推动区域网络信息基础设施建设；尊重各国网络主权，推动建立多边、民主、透明的国际互联网治理体系；维护网络安全，防范网络攻击，维护公民合法权益；共同打击网络恐怖主义活动；共同打击网络犯罪，打击窃取信息、侵犯隐私等行为；加大未成年人网络保护力度，营造安全、健康的网络环境；通过互联网深化经贸、人文、技术等各领域合作等。❸ 2016 年 4 月，国家正式批准中国—东盟信息港项目，项目建设囊括了 5 大平台：基础建设平台、技术合作平台、经贸服务平台、信息共享平台、人文交流平台。❹

双边达成共识后，网络空间合作治理就有了正确的导向。2016 年，中国—东盟信息港南宁核心基地一期建设工程——信息交流中心和通信枢纽楼已完成主体封顶，随后信息港智能展示中心进入调试阶段。同年，中

---

❶ 首届中国—东盟网络空间论坛开幕 [EB/OL]. (2014-09-18) [2020-06-13]. http: // tech. china. com. cn/internet/special/dmwllt/index. shtml.

❷ 中国—东盟信息港论坛闭幕 中方提出八点合作倡议 [EB/OL]. (2015-09-14) [2020-06-13]. http: //news. china. com. cn/2015-09/14/content_36582460. htm.

❸ 第二届中国—东盟信息港论坛开幕 [EB/OL]. (2016-09-11) [2020-06-13]. http: // gx. people. com. cn/n2/2016/0911/c179430-28985494. html.

❹ 中国—东盟信息港已建成项目 30 个 [EB/OL]. (2017-11-30) [2020-06-13]. http: // gx. people. com. cn/n2/2017/1130/c179430-30982157. html.

国—东盟在跨境电子商务、区域性国际金融信息中心、"互联网+"、云计算、物联网、智慧城市等一批重大应用示范项目建设展开更加深入务实的合作。而作为中国—东盟信息港基地的子项目，中国联通总部基地建设项目南宁国际直达数据专用通道和云计算中心、南宁国际综合通信枢纽、中国—东盟交流中心等积极推进中国与东盟双方的合作。2016 年，第三届电商峰会在中国—东盟信息港框架下就信息港经贸服务平台建设开展重点议题探讨，邀请业界精英出谋划策，集思广益。随着互联网普及率增加，跨境电商发展已成为中国与东盟政商两界共识和当务之急。2017 年，中国与东盟第四届电商峰会以"共享丝路新机遇，共创电商新愿景"为主题，围绕"新互联网时代：合作与愿景""跨境电商新丝路：机遇与挑战""监管服务新模式：协作与创新"三大议题开展主题演讲及高端对话，探讨"跨界互联，创新发展"的新模式，为"互联网+"时代电子商务的深度合作谋篇布局，打造中国—东盟电子商务合作交流的高端平台。峰会设置了"跨境电商合作共赢"模块，围绕"跨界互联，创新发展"新模式，探讨如何在广西打造中国—东盟跨境电子商务基地。这届峰会在开展中国—东盟电商发展务虚探讨的同时，继续突出峰会的合作交流的平台功能，一批电商旗舰项目将签约落户。以本届峰会为平台，初步确定谷歌、一达通、至简云图、浙江聚贸、敦煌网等 5 个电商旗舰项目在峰会期间签约落地，涵盖跨境电商、农村电商、电商培训等多个领域。❶

（二）中国与东盟网络空间合作治理的前景展望

当前，中国与东盟在网络空间合作治理已经具有了一定的发展基础，中国与东盟信息港建设已经取得了实质性进展。中国一直以来致力于推动中国与东盟在网络空间领域的合作，从资本、产品、技术等多方面，加大对东盟地区的投入，体现了中国作为区域大国的负责任的态度。2015 年 9

---

❶ "互联网+"引领未来中国—东盟跨境合作方兴未艾［EB/OL］.（2016-09-23）［2019-01-15］. http://gx.people.com.cn/n2/2016/0909/c347802-28975452.html.

月，广西申报设立中国东盟跨境电子商务综合实验区，加快推进与东盟国家在海关、检验检疫等领域的信息共享和标准对接，消减非关税壁垒，为跨境电商企业提供一站式服务。❶ 同时，中国也在积极推动地区间建设与东盟网络空间合作的电商工程，以及电子商务园区，并引入国内领军的网络企业进驻，以地方企业为带动，推进中国与东盟之间网络空间的务实合作。与此同时，在基础设施建设方面，中国与新加坡、泰国、马来西亚、菲律宾、印度尼西亚等东盟国家在海上积极推动国际海底光缆实现网络互联。目前中国企业正在同东盟国家企业展开合作，在东南亚地区建设亚非欧海底光缆。同时，与越南、老挝、缅甸的多个口岸建立了跨境电缆系统，为对方提供第三国的国际业务转接业务。此外，工业和信息化部批准成立了南宁和昆明两个区域性的国际通信出入口局，专门用于疏通中国与东盟国家之间的信息通信业务。此外，随着北斗系统的应用，极大地推动了中国与东盟信息港发展，进一步深化了与东盟各国在卫星导航应用领域的交流与合作，提升了北斗系统在东盟地区服务能力。

网络空间正在成为继陆路、海运、航空之外，另一条连接中国与东盟的"丝绸之路"。中国与东盟网络空间合作治理顺应当今世界科技与产业发展进入信息化、智能化趋势。中国与东盟都希望借助"互联网+"，共建基础设施、信息共享、技术合作、经贸服务、人文交流五大平台，打造"21世纪海上丝绸之路"信息枢纽，助推中国—东盟关系迈向更高台阶。未来，中国与东盟网络空间合作治理有望与传统形式的"一带一路"倡议形成合力，随着中国—东盟信息港建设的不断推进，中国和东盟网络空间合作治理必将提上新的高度，不仅推动中国的经济发展，也为东南亚地区经济的发展注入新的动力。

---

❶ 广西将申报设立中国—东盟跨境电子商务综合实验区 ［EB/OL］. （2015-09-13）［2020-06-13］. http://www.cac.gov.cn/2015-09/13/c_1116546845.htm.

第三篇

困 境 篇

当前，网络空间治理面临诸如国家间网络主权是否存在的争议、网络空间治理适用制度的差异等诸多难题。这些难题制约着网络空间治理国际合作框架和运行机制的建构。事实上，网络空间治理国际合作的缺失导致的结果就是：它不仅损害了发展中国家的主权和利益，也纵容了跨国网络犯罪，妨碍了公民信息自由权利的实现。

| 第七章 |
网络空间主权的界定问题

互联网不仅创造了人类生活的新空间，也拓展了国家治理的领域，"网络空间主权"由此产生。网络空间主权就是针对区别于国家在传统层面陆、海、空、天以外，在人类生产生活的第五个领域——网络空间管理的权利。

国家网络空间主权是国家主权在网络空间的拓展和延伸，是国家主权和利益的重要组成部分，但是由于网络空间具有虚拟和无国界的特征，各国对于网络空间主权的界定处于相对模糊的状态，由此造成的国际纷争不断。网络空间主权在国家核心利益领域占有着极为重要的地位，所以，在网络主权存在与否问题上，在国家之间的主权界定问题上都存在分歧，而这些关于网络主权的纷争使得网络空间全球治理国际合作难以达成，这是网络空间治理所面临的主要困境。

一、网络空间主权的含义

主权由人、领土、资源、政权四个要素构成，其中，领土是国家行使主权的空间。网络空间主权是国家主权在网络空间的延伸。一个国家的网络是指由构建在位于本国领土之中的信息通信技术系统所构成的信息通信技术的基础设施。因此，如同对领土具有管辖权一样，国家对本国的信息通信技术设施可行使国家主权管辖，这就使国家主权延伸至网络空间。网络空间主权的含义就是国家主权在其行使领土主权及位于领土之中的信息通信基础设施所承载的网络空间主权及该空间的信息通信技术活动和信息通信技术系统本身和承载的数据可行使国家主权及管辖权。网络空间主权的基本原则来源于国家主权，尊重国家独立权；互不侵犯，互不干涉内政。同样，尊重网络空间主权就是要尊重其独立权，网络空间自主运行；互不侵权，不能对他国进行网络攻击；互不干涉内政，对他国网络空间主权不干涉，网络空间主权平等。"一个国家的网络空间主权一定是建立在本国所管辖的信息通信技术系统之上，作用边界为直接连向他国网络设备的本国网络设备端口集合所构成；其运行不被他国所干预；其构成设施和承载的数据受所属国司法和行政管辖；各国间网络空间主权应相互尊重，互不侵犯，互不干涉，各国网络空间主权在国际空间治理活动中地位平等。"❶

我国对网络空间主权相关的含义在 2000 年就已经提出。国务院新闻办公室于 2010 年 6 月 8 日发表《中国互联网状况》白皮书，其中"维护互联网安全"部分写道：中华人民共和国境内的互联网属于国家重要基础设施，在中国主权管辖范围之内，且应当维护和尊重中国互联网主权。我国新国家安全法首次明确"网络空间主权"概念，而相继公布的《中华人民共和国网络安全法》第一条开宗明义指出立法的宗旨是"维护网络空间主权"❷。

二、网络空间主权的特点

（一）技术性

有别于原来就存在的传统四大空间，作为第五大空间的网络空间是人

---

❶ 方滨兴. 从"国家网络主权"谈基于国家联盟的自治根域名解析体系［EB/OL］.（2014-11-27）［2016-10-03］. http://news.xinhuanet.com/politics/2014/11/27/c_127255092.htm.

❷ 国家互联网信息办公室主编. 趋势：首届世界互联网大会全纪录［M］. 北京：中央编译出版社，2015.

类创造出来的，而创造网络空间却离不开快速发展和广泛应用的网络科技，所以技术性特征是网络空间必有的。针对网络空间主权而言，网络空间主权是网络技术发展下维护国家主权的产物，难免受到技术制约。国家在对网络信息和设施进行管理而不受他国干涉、合理利用网络资源、严格打击网络违法犯罪行为、积极参与国际合作等方面，也都受到技术因素的影响。应对网络技术弱国与技术强国之间的差异，国际合作显得尤为重要。不同国家之间主权不仅仅是相互制约和依存，在主权权利行使方面也受到各种因素的限制。

全球化已成为当今社会发展的潮流，不同国家之间的互相联系和互相影响日益加强，从粮食问题、经济贸易事务、环境保护问题或者是气候变化等方方面面，均不是仅仅依靠一己之力能够独立做到的，这种不断加深的渗透各个方面的交往使得一个国家不可能离开其他国家独自发展。显而易见，只有各个主权国家团结一致，才能共同渡过难关。

然而，网络主权的确立必然会导致国家主权的相对性更加的明显。随着信息时代的到来和发展，人们进入了数字化时代，所面临的问题是传统的管辖权是有地域边界的，而数字化时代是无国界的。尽管网络空间仅是由二进制码组成，然而由于跨国界性的网络传输，使得确定一国的信息边界成为一件不易之事。与此同时，不管是国家主权的行使还是网络管辖权的运行均面临着全新的挑战。国家管辖权不仅受时间的限制，同时还受地点和条件等因素的限制。对国家管辖权的行使进行约束同样是必要的，体现在国内法和国际法两个方面，其中国内法规定了管辖权行使的内容和形式，国际法规定了国家管辖权的范围和限度。网络管辖权在行使过程中同样也会要受到限制和约束正是因其是国家管辖权的组成部分。一个国家可以对其内部发生的一切事项充分行使各项权利，这是管辖权的应有之义，但是将其理解为国家在行使管辖权时不受任何限制是绝对错误的。国际社会在管辖规则方面达成的共识认为，国家管辖豁免的实行是非常必要的，国家管辖豁免是主权原则的必然要求。然而，在平等的主权国家之间这种管辖豁免比较常见。当然，在网络空间，尽管国家界限相对弱化，但依照国际法或者国际惯例的相关规定和做法，一个国家的国家元首、外交代表等的行为也包括在网上行为当中，因此管辖豁免的权利同样应该在网络管辖方面享有，与此同时也给予各个国家在国际交往过程中以提醒，在行使国家权利的同时不能侵犯其他国家的主权，必须要遵守相应的国际法原则。

综合以上论述，一个国家的主权是其网络主权的来源，因而应当遵循相关的管辖权行使规则来行使其网络主权，与行使国家主权相同的是，一国的网络主权之行使也具有相对性的特点。

（二）相对性

国家主权具有不可逆的自然法则，既有对内的绝对性，又存在对外的限制性，即相对性。网络主权的起源就是国家主权的含义包括了一个国家对外的独立性和其对内的最高权力。网络空间主权具有相对性，它是由国家主权的相对性决定的。由于管辖权是国家主权最直接的而又外在的表现，管辖权又涵盖了网络主权中的管辖权，由此可以推出网络主权也属于国家主权不可或缺的部分。所以，网络主权的外在表现形式即是网络管辖权，网络管辖权的相对性是来源于国家主权的非绝对性。

相对性是国家主权与生俱来的，因而，国家主权传统内容中的政治主权、文化主权、经济主权等皆具有相对性。但国家主权的这一领域管辖权的标准又很确定，比如属地管辖权的标准是一国的地理位置和国界，属人管辖权是人的国籍。而网络空间边界的划分标准就不具有一个确定的衡量标准。所以，网络空间主权不仅具有传统国家主权的相对性特征，而且较之一些确定性标准而言，更加突显网络空间主权的相对性特征。

（三）国际性

在国际组织日益增多和国际交往日渐频繁的时代背景下，国家主权的国际性更为突出，主权国家为了自身的利益和国际合作的有效有序进行，在不干涉他国主权的限度内行使主权，有时也会以"让渡主权"作为代价。而网络空间具有的国际性特征，网络空间的活动就会明显体现出联动性，国家由此不可避免地受到网络活动的影响，使得网络空间主权具备了鲜明的国际性。网络已然成为国家之间进行国际交流的有力媒介，一国也应在不干涉他国的限制内行使网络空间主权，以确保网络空间健康有序发展。而仅由一国之力独占性使用和治理浩大网络空间是不现实的，是有悖于国际法原则的，所以国际合作是解决网络空间主权问题的最好选择。

如上所论述，网络空间对于一个国家的领土而言已经成为其自然延伸的部分，国家的管辖权包含了对发生在其领土范围内的一切事、物和人之管辖，网络空间也当然包括在内，因此与传统之国家领土管辖权相类似，网络主权也随着网络空间日新月异的发展而变化，世界各国有关网络空间治理的问题也随之而来，不仅涉及外交、经济、安全等方面的问题，还包括网络空间治理主体的改变及权力的转移。由于传统政治形势的影响，网络空间的治理权力分配问题、网络资源的配置问题及网络空间的安全问题都是国家网络主权所关注的焦点问题。在国际格局进入深入调整，国际形势波谲云诡的当下，各个国家的政治、经济主张与执政理念存在差异巨大，导致各国的战略抉择也在不停地变化。从某种意义上说，网络主权的存在限制了网络空间国际合作治理的发展。更糟糕的是，网络安全还面临危机问题，有发生分裂的风险。在世界各国坚持主张网络主权和网络空间治理的过程中，各方面的博弈也将导致网络空间的治理陷入困境。此外，网络安全受到的威胁也日益严重，其中主要包括，网络恐怖主义的问题、网络经济犯罪的问题、网络诽谤的问题以及网络暴力等安全性问题频频发生等。

这让各国意识到加快国际合作与网络空间发展中的矛盾。为解决这些矛盾，应该建立完善的制度来保障网络空间的安全性、开放性、稳定性以实现其自由与繁荣。

三、网络空间主权理念存在的争议

在网络空间主权理念上各国存在不少争议，其基本分为以美国为代表的西方国家，这些国家认为网络空间治理主要是技术层面的治理，强调网络空间的连接自由和信息流通自由不应受到阻碍；以中国、俄罗斯为代表的一些国家，认为内容监管也应是网络空间治理的重点之一，主张网络空间主权的争议。

（一）支持网络空间主权存在的观点

中国、俄罗斯学者积极倡导并支持网络空间主权存在，即使是西方国家，也有很多认同网络空间主权的声音。认为网络空间主权存在的原因主要包括：一是网络空间的存在及其功能需要一个物理设施加以支撑，这些实物资产必定会受到主权管辖；二是网络空间的金融、商业决策受制于各自国家的法律；三是不同国家网民所能访问到的信息受所在国法律的制约；四是作为国家安全的一个要素，各国越来越需要在网络空间中维护他们的存在；五是很多用户看到的互联网被作为一种手段来传播仇恨和暴力信息。因此，网络空间也需要国家主权来发挥作用。

网络空间不是一个全球公域，它是一个共享的全球基础设施。对于主权国家来说，他们有权根据自身的设想和资源来发展其网络能力。2013 年，《适用于网络战的塔林国际法手册》论述了"一个国家可以对其主权领土内的网络基础设施和活动实施控制"的规则，这个规则强调了一个事实，尽管没有国家可以声称对网络空间本身拥有主权，但国家具有对任何位于在其领土内的网络基础设施，以及与网络基础设施相关的活动实施控制的特权。❶在某些情况下，互联网主权意味着国家保护其公民的隐私不受国际企业的

---

❶ 如何为网络空间划分国界 ［EB/OL］.（2016-09-22）［2020-06-13］. http://theory. peo-ple. com. cn/n1/2016/0922/c40531-28732322. html.

监视或其他国家的渗透，当然也不排除一些情况下，互联网主权也意味着确保国家能在任何时间、以任何其所希望的方式侵犯公民隐私。

2003年12月12日，联合国信息社会世界高峰会议《原则宣言》明确提出：与互联网有关的公共政策问题的决策权是各国的主权。❶ 对于与互联网有关的国际公共政策问题，各国拥有权利并负有责任。

（二）反对网络空间主权存在的观点

在反对网络空间主权存在的方面，其出发点有多种。有说法认为，互联网没有"领网"❷，如微软的 Azure 云遍布世界各地，都可以加入使用。但是，如果依据管辖权，一个国家政府责令 Azure 云位于该国领土内部的计算机系统停机，其所承载的网络空间自然就消失，所以，依附于领土的信息通信技术系统所承载的空间必将受制于国家主权，不可能是真空地带。也有说法认为，互联网是没有国界的，这只是一个技术能力问题，何来疆域？何来主权？但是有领网自然有疆界。例如：A 国某网站被 B 国所屏蔽，因为 B 国在互联网疆界处设立了过滤措施，这其实就是 B 国在其领土范围内施行网络主权的行为。还有说法认为，互联网是"全球公域"，应当没有主权干预，但请设想一下，作为公共区域，在公海打击索马里海盗，是否需要国际社会协商合作呢？答案自然是肯定的。例如，当美国弗吉尼亚州东区法院判决上海美亚公司所注册的域名"cnnews.com"侵犯了美国有线电视新闻网（CNN）的商标权，判决停用该域名的时候，这已经不再是公权的行为模式了，这其中就涉及了网络主权的问题。当然，也有说法认为，互联网是由"利益相关方"来主导，没有政府什么事，应当归非政府间组织来协调合作，自然没有主权。从技术的角度来说，"利益攸关方"发挥核心作用是可以理解的，但从公共政策的角度来说，没有行政

---

❶ 信息社会世界峰会《原则宣言》［EB/OL］.（2016-09-22）［2020-06-13］. http://www.100ec.cn/detail--5331620.html.

❷ 领网是指一国主权管辖下的网络空间，由网络空间行为主体、网络空间物理领域和非物理领域构成。

权力的非政府间组织，依靠其民间身份不能够起主导作用，发挥作用自然有限，在关系全球重大问题的解决上局限性凸显。

从分析中可以看出，以上基于技术的网络空间主权真空理论分析是站不住脚的，那为什么西方诸多国家，依然赞成网络空间无主权理论呢？分析其实质，我们发现，基本上都是出于国家利益考虑，试图维护其既得的网络霸权所致。

在世界治理格局中，网络发达国家借助其技术优势构建的国际网络体系必然对自身有利，而网络发展中国家由于没有掌握网络核心技术，难以参与国际网络体系的构建。由此，在国际网络体系中，形成了"中心—边缘"结构，处于中心位置的国家分享了网络发展的盛宴，哪怕是残羹剩饭也不会留给网络发展中国家。虽然网络发达国家不愿承认网络空间主权，但实质上他们是不愿承认网络发展中国家的网络空间主权，而对于自身的网络空间主权则利用其在网络核心技术和网络治理体系方面形成的优势地位进行强势维护，从而成为全球网络空间主权的独享者。也就是说，网络发达国家否认网络空间主权不是否定自己实际掌控网络的权力，而是否认网络发展中国家染指网络控制的权力。所以，真正阻挠网络空间全球治理国际合作体系形成的是网络发达国家。只要这种合作体系尚未达成，那么网络发达国家利用自身技术先发优势把控网络空间甚至为所欲为的权力就可以继续存在。比如，美国政府曾于2009年授意微软公司切断苏丹、古巴、伊朗、朝鲜、叙利亚等五国的 MSN 服务器，导致这五国的网民无法正常登录 MSN。显然，类似的网络霸权行为必然对网络发展中国家的主权造成实质的侵害。❶

网络发展中国家的网络空间主权受到侵害，必然映射到现实的物理空间并使国家的利益受到损害。这种损害体现在经济、文化、政治和社会等不同层面。就经济层面来看，虽然网络发展中国家也可以利用网络促进自身经济发展，但是由于国际网络体系及核心网络技术均由网络发达国家掌

---

❶ 人民时评：美国互联网外交是虚伪的实用主义［EB/OL］.（2016-09-22）［2020-06-13］. http://www.chinadaily.com.cn/hqgj/2010-01/22/content_9364932.htm.

控，网络发展中国家无法生产关键的网络产品，而只能向网络发达国家购买。网络发达国家可以利用其技术垄断地位漫天要价，从而使网络发展中国家的经济利益受到损害。从文化层面来看，由于西方网络发达国家利用本国语言来构建网络体系，其他国家要使用网络，就要先学习网络发达国家的语言，这样一来，英语就进一步强化了其历史上天成的国际语言地位，英语文化霸权必然对网络发展中国家的本民族文化造成冲击，使这些国家的思想文化、价值观念、生活方式等面临着西化的风险，而本国的优秀传统文化则岌岌可危。从政治与社会层面来看，由于网络空间使得西方文化在没有任何障碍的情况下进入网络发展中国家，西方国家利用网络进行意识形态渗透，可能导致这些国家的民众对现行体制不满、进而要求推动政治和社会体制的变革，一旦这种要求得不到满足，就可能形成声势浩大的社会运动，从而造成较大的社会动荡，甚至危及现行的政治体制。

网络发展中国家无奈只能选择特定手段对网络进行治理。为遏制西方国家进行意识形态渗透或本国分裂势力在西方国家的网络上从事分裂国家的宣传，网络发展中国家只能利用防火墙进行信息屏蔽，限制对国外网站的访问。从维护国家利益的角度来看，这种措施无可厚非。但如果从公民知情权的角度来看，这种网络监管措施可能会造成"误伤"。这些监管措施可能使公民的知情权难以得到保障。当然，从根本上说，这是网络空间全球治理国际合作难以达成所造成的后果。

综上所述，西方国家的网络空间主权理念会直接损害网络发展中国家的利益，从近期来看，现有的互联网体系格局似乎对西方发达国家有利，但从长远来看，由于主权理念的差异，导致网络空间国际合作治理体系难以达成的，一些跨国的网络问题无法解决，例如网络恐怖主义，网络跨国犯罪等，最终将损害所有主权国家的利益。

四、中国的网络空间主权理念

关于网络空间安全和主权问题，我国国家领导人先后发表了一系列重要讲话，从世界各国共建网络命运共同体系的高度上提出了一系列共同治理网络空间的观点和理念。围绕网络空间主权，习近平总书记自 2014 年起提出并明确了我国在网络空间主权方面的态度。习近平指出："互联网是我们这个时代最具发展活动的领域。互联网快速发展，给人类生产生活带来深刻变化，也给人类社会带来一系列新机遇挑战。互联网发展是无国界、无边界的，利用好、发展好、治理好互联网必须深化网络空间国际合作，携手共建网络空间命运共同体。"❶ 习近平的全球互联网发展的四项原则与五点主张得到了国际社会的积极响应。中国愿同国际社会一道，坚持以人类共同福祉为根本，坚持网络主权理念，推动全球互联网治理朝着更加公正合理的方向迈进，推动网络空间实现平等尊重、创新发展、开放共享、安全有序的目标。从习近平总书记一系列重要讲话和国家相关文件看出：中国致力于维护网络空间和平安全，以及在国家主权基础上构建公正且合理的网络空间国际秩序，并积极推动和巩固在此方面的国际共识。

当下，国家与国家之间在网络空间中开始出现利益交汇、有的甚至有利益冲突。那么采取什么样的管理模式来构建跨境电子商务体系？互联网资源应该在国与国之间应如何分配？我国所倡导的网络空间主权的主要出发点如同各国怎样分配碳排放指标一样，是存在着主权诉求。因此，须将国家主权施加到网络空间中，形成网络空间主权、形成国际共治体系。中国倡导网络空间主权的主要出发点有以下几点。

首先，主导网络国际共治有助于国际法地位以及提升互联网国际话语权。国际网络共治体系有助于强化国家在网络时代的国际法地位，主导网络国际共治。互联网的普及打破了作为主权综合研究网络空间主权研究国家代表的政府参与国际共治的特权，使得互联网"利益相关方"凭借其技术优势可能成为主导互联网发展的角色。因此，只有正视了国家主权，让所有国家都有发言权，平等权，这样都可以提出诉求，各国都可以享受互

---

❶ 习近平的网络安全观 [EB/OL]. (2018-02-02) [2020-06-13]. http://www.cac.gov. cn/2018-02/02/c_1122358894.htm.

联网带来的福利，这样才能够在全球范围内最大限度地发挥互联网的积极作用。再有，中国要扮演好负责任的国际网络大国的角色，就需要加大互联网的国际话语权。网络空间主权的明确，可以使国家主权在网络空间中得到体现，使得主权国家可以参与到互联网的共治进程中，提升其互联网国际话语权。

其次，强化网络空间主权有助于维护政权稳定、依法治网、军事规范等。维护政权稳定，在任何情况下都是各国毫不动摇的选择。但是在互联网世界中，国家主权的地域性与网络的超国界性之间的矛盾成了国家控制跨国界互联网行为的瓶颈。强化网络空间主权的概念，可以使政府站在维护国家主权的立场上，从网络行为、经济行为、信息行为的角度，依靠网络防线对输出和输入的信息流进行防控；明确网络空间主权，能够为国家在网络活动中提供法律支撑。中国政府强调"以法制网"，针对互联网的管理制定相应的法律，以保障我国的网络空间安全和国家的健康发展；网络空间中的军事存在是建立在网络空间主权存在的基础之上的。强化网络主权概念，可明确军队在保卫关键信息基础设施方面的职能，使之承担起守卫国家网络疆界、捍卫国家网络主权的使命，使之在国家间的网络安全对抗中发挥起正规军的作用。

最后，网络空间主权有利于保护国家基础数据资源以及建立网络安全。传统意义上，国家对于地理测绘信息等重要资源，都能够进行严格的控制。但对于网络上的以电子数据形式存在的网络空间定位信息、医疗信息、基因样本数据等重要基础信息的数据，如果不明确网络主权并立法保护，会对国家安全造成重大威胁。因此网络空间主权对国家基础数据资源的保护的层面是有利的。再有就是有助于建立网络安全的基础。网络主权概念为网络安全事务处理指明了方向，对统一国民对网络安全的认识，加深对没有网络安全，就没有国家安全的认识与理解，形成全民统一共识具有重要意义，通过制定法律、设立机构、建立机制、制定预案来奠定网络空间安全的基础。

| 第八章 |
网络技术发展的国际不平衡

　　当代国际社会的网络技术水平存在很大差异，这是由于各国科技水平的差异造成的。各国乃至世界经济的发展是以科学技术革命和发展为基础的，到目前为止，人类社会共发生过三次科技革命，每次科技革命都使人类科学技术水平迈上新的台阶，极大地提高了人类社会生产力，促使工业技术水平产生质的飞跃，从而不同程度地促进了各国经济的发展。而正是因为各国在科技的发展和运用上的较大差异，导致了各国经济发展水平的不同，加剧了世界经济不平衡的发展局面。

　　再者，"殖民主义在网络空间的死灰复燃"❶，加剧了网络技术发展的国际不平衡。随着第二次世界大战的结束，西方发达国家建立在军事优势基础上的传统殖民体系逐步土崩瓦解，但是这并不表明西方一些发达资本主义国家甘心于殖民主义消失所带来利益的丧失。第二次世界大战以后，网络技术和信息技术得到了突飞猛进的发展，而由先进技术支撑的西方发达国家利用网络技术和信息技术牢牢地控制着网络空间的主导权，而广大发展中国家由于网络技术和信息技术落后于人而不得不接受资本主义强国所建构的国际网络空间体系和网络空间秩序。然而问题是，一旦接受网络强国的网络体系，发展中国家就必然会面临着两个方面的冲击：一是经济

---

　　❶ 杨嵘均．论网络空间治理国际合作面临的难题及其应对策略［J］．南京工业大学学报：社会科学版，2014（12）：78.

资源受到网络发达国家侵夺的威胁，二是意识形态受到网络发达国家的渗透。由此可见，当前的网络空间状况对一些资本主义国家推行殖民主义最为有利而对一些发展中国家却极为不利，因此在对网络空间治理的态度上发达国家与发展中国家必然存在着本质的分歧，这就意味着要实现网络空间治理的国际合作是难上加难，这也是网络空间国际合作面临的第二个困境。

一、少数发达国家在网络资源与管控方面存在垄断优势

科技革命是推动各国经济迅速发展的主要动力，也是造成世界政治、经济不平衡的重要因素。科技革命推动经济发展主要表现为两个方面：一是促进经济结构转变与产业结构高级化；二是科技知识作为经济增长的内生因素，作为增长内在的源泉来促进经济的增长。科技革命可以增强国家军事力量和国防水平，表现在军事和国防发展的需要推动科技发展，科技的发展又加强了国防和军事力量；高技术武器出现提高了军事战斗力和国防水平；在信息时代，信息和信息能力成为军事力量构成的关键要素。

（一）综合国力

经济基础决定上层建筑，国际网络技术发展的不平衡从根本上讲是国家间的经济发展水平和综合国力的参差不齐导致的。❶

综合国力是指一个主权国家生存和发展所拥有的全部实力及国际影响力的合力，一共包括七个方面，分别是政治力、经济力、科技力、国防力、文教力、外交力和资源力。其中经济力和科技力是一个国际综合国力的决定因素。在当前的国际竞争中，一个国家是否强大不仅仅取决于这个国家的军事力量和经济力量，且取决于一个国家的综合国力，因为综合国

---

❶　赵家祥. 现代生产力，经济基础与上层建筑关系新探［M］. 南京：南京信息工程大学出版社，2011.

力是衡量一个国家各个方面的综合评估标准，是研究一个主权国家总体力量的一个综合概念。综合国力的含义有多重，它的构成要素同时包括自然、社会、物质、精神等多个方面，是一个国家政治、经济、科技、文化、教育、国防、外交、资源、民族意志、凝聚力等要素的综合体。

而当前国际竞争的实质就是以经济和科技实力为基础的综合国力的较量。国家的国际竞争力由"核心竞争力""基础竞争力"和"环境竞争力"三个部分构成。一个国家的国际竞争优势的能力实际上取决于一个国家的战略定位，因为不论一个国家是大是小，是强或者弱，都有自己的特殊的优势，每一个国家都应该发掘自己综合国力中的优势区位因素，并且善于借用别国的优势，扬长避短，让自己在国际竞争中处于优势地位。

自改革开放以来，我国的经济取得了稳定而持续的发展，因此我国的国际竞争力也获得了极大的提升。我国的经济发展速度在世界经济萧条之时显露出了很大的优势，经济增长率、投资、储蓄等水平名列世界前列。值得注意的是，自从 20 世纪 90 年代以来，由于全球经济一体化和信息技术革命的迅猛发展，国际竞争力发展的大格局已经有所变化，受信息技术极大影响的科技实力已经在综合国力的评估中占着越来越重要的地位。发展社会生产力的第一决定因素，而生产力的发展程度影响国家的经济建设，经济建设又是一个国家国际地位和综合国力的基础。我国是一个发展中国家，自然资源有限，环境污染较为严重，面临着经济发展和保护环境的双重发展任务，只有大力发展科学技术和生产力，促进经济发展，才能在国际竞争中处于有利地位。

科学技术对社会发展的作用主要有以下几个方面。

（1）先进的科学技术可以促进经济的增长。经济发展有三个要素，分别是：劳动力、资本和技术，其中，由于现代技术的迅速发展，生产要素比如生产工具、生产方法、管理手段、劳动技能和劳动者水平已经发生了重大变化，科技创新也成了经济发展的最关键的因素。国际上先进的发达国家的发展和经济增长速度，很大程度上来自于科技进步。因此，科学技术从根本上决定着国家的经济实力，我国作为一个发展中国家，应该把经济发展的重点放到科技发展上。

（2）科学技术促进生产力的发展，引领社会变革。在近代产业革命的进行中，科学技术最重要的社会功能就是对生产力发展的推动作用。马克思和恩格斯从开创社会主义革命开始，就认为科学技术是一种推动社会革命发展的"无形力量"，科学技术可以大幅度提高劳动生产效率，这就为社会变革提供了根本的经济支持力。

（3）科学技术可以促进人类精神文明的建设。科学技术带来的新发明对人类生活产生了重要影响，改变了人们的交通出行和生活的方式，同时也在对人们的思想产生着影响。科学在反对神学宗教统治的运动中对人们思想的解放起着重大的作用。科学知识的普及，科学思想和科学方法的传播也对全民科学文化素质的提高，战胜愚昧迷信起着重要作用。只有科学思想在每一个人心中扎根，整个社会精神文明才会得到整体的提升。

（4）科学技术促进生态文明建设。随着人类文明快速发展，人类与自然的关系也成了一个重要的话题。只有运用好科学技术，才能帮助人类在经济发展的同时正确处理人与自然界的关系。

虽然科学技术作为先进生产力的标志，可以推动社会的快速发展，并对人类的生产生活方式产生巨大影响，但是科学技术的作用是双重的，科技是一把双刃剑，在促进经济发展的同时也可以对人类的生存和发展带来消极影响。比如，在工业化促进社会进步的同时，也出现了违背自然规律，破坏生态环境，造成环境污染等一系列问题。因此，科技不仅仅是发展经济的手段，我们更应该用科技来武装头脑，用科学的自然观指导人们树立与自然和谐相处的观念，正确对待自然与社会发展的关系，合理利用自然资源，控制不合理的生产和消费活动，改变与自然相违背的发展方式，加强生态文明建设，促进人与自然和谐相处。

（二）经济全球化与当前不平衡的国际格局

21 世纪，经济全球化成了当今世界发展变化的深刻背景和根本趋势，如何正确认识和对待全球化，对每一个国家的科技进步和经济发展，以及促进国际格局的转变和人类文明的进步至关重要。这种新的竞争格局的变化将随着全球经济的进一步发展继续不断变化下去，并且在 21 世纪会更为加激烈，这种激烈的竞争给各个国家带来的影响都是双重的。一方面，随着竞争格局变化动荡，各个国家之间的联系也更加密切，国际间联系更为紧密，经济风险在各个国家间的传导变得十分迅速，经济发展的不稳定因素变得更加多样，影响力加大。另一方面，新的竞争格局使得各个国家联系紧密，交流也更为方便，经济发展的优势资源可以得到更好的共享和有效利用。总之，在经济全球化的今天，任何国家都不可能处于世界经济发展大潮流之外，这对每一个国家，尤其是在国际竞争中始终处于劣势地位的发展中国家，是一个极大的挑战。这意味着发展中国家将在未来的国际竞争中可以获得更大的机会，同时也会面临严峻的挑战。

经济全球化的影响，除了经济方面，还对政治、社会、文化等众多方面产生着广泛的影响。比如，全球化推动生产力发展方式的变革，由于全球化促进生产、资源、人员、贸易、投资和金融等生产要素的优化配置，生产成本得到了降低，生产效率得到了提升，跨国公司也在全球经济的发展中起着日益重要的作用。全球化使国家间利益更加密切，除了经济利益日益密切，政治文化等多方面的利益也更为密切，多边贸易发展也更加广泛。因此，全球经济发展的链条将各个国家紧密联系起来，每个国家的经济都与全球经济的发展密切相关。因此，共同的国家利益、地区利益明显增多，而国际合作的基础就是共同利益，共同利益的增多使得国家间的协调合作大大增加，而主张霸权主义和强权政治的冷战思维也越来越不得人心。在多变关系不断发展的同时，非传统的安全问题也越来越多。恐怖主义、经济安全、环境问题、气候变暖、疾病传播、跨国犯罪等不稳定的非传统安全问题广泛威胁到了各国政治经济民生等多个方面。这些不稳定的非传统安全因素的出现同时也加大了国际安全合作，许多问题需要多国进行合作才能完成，这就缓和了国家间的对抗关系。

在世界多极化、经济全球化深入发展的背景下，广大发展中国家联合，整体实力在逐步上升，越来越多的国家主张国际关系民主化，提倡多边主义和发展模式多样化。大国之间既合作又竞争，既有较量也有妥协，既相互借重又相互牵制，世界多极化的趋势更加清晰。这种多极化趋势反映了各国人民维护世界和平、促进共同发展的愿望和时代的进步。多极化趋势和总体平稳的大国关系，客观上为中国的发展提供了一个较为有利的国际安全环境。国际格局的变动一方面表现为国家间的经济摩擦，领土资源的纠纷，安全利益的争夺，另一方面也表现为国家之间经济发展模式，价值意识取向的冲突。所谓的经济区域化、集团化实际上是某些经济强国在世界进入经济实力竞争的时代为了增强本国经济的竞争力，而与那些具有共同利益的邻近国家通过有组织有计划的经济技术合作乃至成立共同体，用集体竞争的方式和其他经济集团争夺世界市场的份额，应该说这是世界经济多极化的一种体现。进一步讲，经济集团的形成对世界政治格局具有极大的影响，其主要表现就是集团间的激烈竞争同时也推动了世界政治格局向多极、多元方向发展，从而使一两个大国支配世界政治格局的局面逐步减弱。同时我们也应看到，科技的发展对世界经济和政治格局的影响在各个地区是有巨大差异的。

从 20 世纪 70 年代后期开始，以微电子学及其运用为基础的科技革命浪潮席卷世界。这次新科技革命，以信息技术为中心，与其他科技新发现相结合，创立了众多的高新技术产业部门，极大地提高了社会生产力，也改变了整个世界经济格局。从 20 世纪 80 年代中期开始，世界经济中出现了两大趋势：那就是全球化与集团化。这两个趋势就是社会生产力巨变在国际关系中的集中反映。经济全球化趋势的发展使世界各国的投资者、生产者和消费者的经济关系越来越密切，出现了相互依存的态势。与此同时，各国经济的繁荣与发展在很大程度上取决于它们参与世界经济体系的程度和水平。由于各国发展条件的不同、发展水平的差异和资源分布的不平衡，从而使各个主权国家在全球性的相互依存关系中处于不平等地位。从另一个角度来看，世界经济相互依存也使各国在世界经济体系中会争夺优势地位，谋求最大限度的利益，使竞争更趋激烈。正因为如此，在世界经济趋向全球化的同时，排他性的经济区域化、集团化应运而生，如出现了欧洲经济共同体和稍后的北美自由贸易区。

进入 21 世纪以来，国际格局复杂多变，我国经济处于高速发展的时期，面临机遇和挑战，但是和平与发展仍然是当今国际社会的主题，世界正处于一个深刻变化和向着多极化格局过渡的时期。世界各国都在加快综合国力的发展以在国际秩序中占领有利的位置。中国面临重大的发展机遇的同时也面临着日益复杂的国际环境和激烈的国际竞争。机遇中蕴含挑战，挑战中包含机遇。我国应该利用这一重要的战略机遇时期，争取稳定和平的国际环境，睦邻友好的周边环境、平等互利的合作环境和客观友善的舆论环境，为全面建设小康社会服务。在以和平与发展为主题的时代潮流中，中国只有提高自身的综合国力，在复杂的国际形势面前制定合适的战略，不断进行科技创新，发展经济，才能始终在国际社会中占据有利地位，最大限度地削弱不利因素，并且在与周边各国相处的过程中积极参与多边机制扩大自身的影响力，发挥中国作为发展中大国的领导作用，为国际社会的持续良好发展做出贡献。

（三）经济发展不平衡导致网络资源与管控不平衡

恩格斯曾经指出："科学是一种在历史上起推动作用的、革命的力量"。❶ 科技革命是推动世界发展和国际关系的重要动力。近代以来，人类发展进程中出现的历次科技革命对人类社会的影响均证明了这一点。人类社会经历的三次科技革命，每一次都深刻地影响了国际关系的发展。第三次科技革命的创新程度远远超过以往全部时代的总和，而这次革命目前仍在继续，并且是全方位加速发展。从全球范围内看，经济失衡的表现有世界经济、贸易、货币金融格局等多个方面的失衡，最主要的原因是全球经济的不平衡发展，美国作为经济大国，近年来经济增长的势力十分强劲，欧洲各国的经济发展则趋于平稳，除此之外，发展中国家在 2000 年以来的

---

❶ 程明华. 科学是一种在历史上起推动作用的、革命的力量 [J]. 湘潭大学学报, 1983（2）：74-80.

发展中，经济增长的速度日益超过许多西方国家，而二者的经济总差距仍在不断拉大。国际分工和贸易格局的变化也是经济失衡的重要原因。发达国家选择把劳动密集型产业和服务转移到发展中国家，而在本国发展高新技术产业来促进经济结构的转型升级，提供更多的劳动就业机会，带动基础设施的建设，而承接落后产业的发展中国家只能发展落后的技术，落后的第二产业在发展过程中带来的许多问题也是发展中国家在目前无法解决的。比如，重工业的发展会造成环境的污染，空气恶化，同时降低工人们的工作质量和生产积极性，而由于劳动密集型产业大量引入，就业机会急剧增加，人口也大量迁入，由此又会带来交通拥挤，住房紧张和儿童受教育问题和老年人养老的问题，社会问题不断累积，人口的犯罪率和社会矛盾也会相应激化，从而对经济发展产生不利的反作用。由此，国际贸易的不平衡日益扩大，并且各国政府的贸易政策和汇率变化又会在经济发展中助长贸易不平衡的发展趋势。当前世界各国发展的不平衡带来的影响主要有五个方面。

（1）发展中国家在当前经济全球化进程中由于缺乏话语权处于较为不利的地位。随着全球贸易和全球生产体系的迅速发展，以及跨国公司及其资本的不断扩张，使发展中国家的民族经济面临着越来越大的压力和冲击，对发达国家的依附性也不断增大。

（2）经济全球化加剧了世界经济发展的进一步不平衡，南北差距不断扩大，发展中国家更加落后于发达国家，尤其是造成那些处于最底层的发展中国家更加贫穷落后。

（3）发展中国家内部不平衡也在加剧发展的不平衡趋势，如不设法解决或抑制，将对投资构成潜在的威胁，刺激泡沫经济的发展，为金融危机埋下隐患。

（4）经济全球化带给发展中国家的最大问题或者说最大威胁，是它们的国家主权可能会在全球化的浪潮中受到冲击和削弱，国家经济安全或许会受到挑战。

（5）对发展中国家的改革带来巨大的压力。经济全球化使得经济传递和同步性加强，如何接受经济的正传递，抑制副传递，成为发展中国家急需解决的重大难题。

二、各国数字信息接入与使用方面存在差距

科技发展不仅对社会生产力的发展有着巨大的推动作用，而且是综合国力提升、国家安全维护国际竞争与合作、当代战争与和平、国际格局发展、国际社会进步至关重要的因素。科学技术的发展直接影响着世界各国实力的强弱和升降，扩展了国家安全的范围，加剧了国际竞争的烈度，促进了世界和平的发展，推动着世界格局的演变。21世纪是科技发展更为迅猛、国际竞争更趋激烈的时代，哪个国家能在未来的科技竞争中处于领先地位，哪个国家就会在未来的世界舞台上占据有利地位，也就会在未来的国际关系和全球事务中处于主导地位。

(一) 互联网时代的数字鸿沟现象

随着信息技术和经济全球化的不断发展，"数字鸿沟"越来越成为一个人们普遍关注的话题。那么什么是"数字鸿沟"呢？数字鸿沟，指的是在全球数字化进程中，不同国家、地区、行业、企业、社区之间，由于对信息、网络技术的拥有程度、应用程度以及创新能力的差别而造成的信息落差及贫富进一步两极分化的趋势。该词最早来源于美国著名未来学家托夫勒于1990年出版的《权力的转移》❶ 一书，该书提出了信息富人、信息穷人、信息沟壑和数字鸿沟等概念，认为数字鸿沟是信息和电子技术方面的鸿沟，信息和电子技术造成了发达国家与欠发达国家之间的分化。数字鸿沟是信息时代的全球问题。不仅是一个国家内部不同人群对信息、技术拥有程度、应用程度和创新能力差异造成的社会分化问题，而且更为尖锐的是全球数字化进程中不同国家因信息产业、信息经济发展程度不同所造

---

❶ 托夫勒. 权力的转移 [M]. 北京：中共中央党校出版社，1990.

成的信息时代的南北问题，其实质是信息时代的社会公正问题。它涉及当今世界经济平等、对穷国扶贫和减免债务、打破垄断和无条件转让技术等诸多重大问题。

而从不同角度对数字鸿沟也可以又不同的理解。比如，从个人角度，数字鸿沟可以理解为：在有些国家，有一些人拥有着社会上最先进的信息技术，他们拥有着功能最强大的电脑，最优秀的电话服务，最快速的网络服务，在信息技术方面也受到最良好的教育；而另外一些人，他们由于家庭、出身、经济条件和社会背景等各个方面的因素，无法接触到先进的信息技术，也无法使用先进的信息工具，无法享受到高质量的信息服务，这就是"数字鸿沟"。在社会领域，城市与农村，大城市与小城市由于经济发展水平和基础设施的差异导致更大的社会团体在信息技术的享有方面也存在差距，比如在中国，北上广深等大型城市，由于经济发达，信息技术先进，电子科技产品应用广泛，整个社会享有的信息技术服务也十分先进。而在一些经济较为落后，信息相对闭塞，交通运输也不太发达的三四线小城市，人们享有的信息服务的整体水平也会相对于一、二线城市更低，而更为落后的山区农村，人们就更难以接触到优秀先进的信息技术服务，这也是所谓的"数字鸿沟"。而上升到国家领域，数字鸿沟又有另外一种理解，即由于社会经济水平，科技文化力量和综合国力的差异，由于贫穷、教育设施中缺乏现代化技术以及由于文盲而形成的贫穷国家与富裕发达国家之间形成的在获取信息和通信新技术方面的不平等的现象，则是更加普遍的"数字鸿沟"。各国数字信息接入与使用方面存在差距实质上就是"数字鸿沟"一个典型的表现，据统计，发展中国家中有一半人口未打过电话，整个非洲的电话线路加起来才抵得上一个纽约曼哈顿岛的电话线长，芬兰一国的电脑主机数量要多于整个拉美和加勒比地区。发达国家平均每千人拥有 300 台电脑。而发展中国家仅为 16 台。发达国家人口仅占世界总人口的 17%，但网络用户却占世界总量的 80%。发达国家平均 6.8 人有一人为网络用户，而发展中国家平均 440 人才有一人上网。全球 90% 的电子商务额被发达国家垄断。美欧发达国家对信息技术的投资占全球信息技术总投资的 75%。目前国际互联网全部网页中有 81% 是英文的，其他语种总共不到 20%。这些都是国家之间存在的巨大数字鸿沟。❶

　　国家之间信息接入与使用存在巨大差距，在全球信息产业中，美国的中央处理器就占到了 92%，系统软件产量占 86%，而美国 IT 产业投资占全球总投资的 41%，美国微软公司的 WINDOWS 操作系统占据全球操作平台应用量的 95%；目前世界性大型数据库近 3000 个，其中就有 70% 设在美国，全球共有 13 台顶级域名服务器，有 10 台设在美国，据我国国家统计局国际统计信息中心的测算，美国信息能力的总指数约为我国的11.6 倍。❷

　　数字鸿沟与国际信息技术的秩序联系密切。首先，"数字鸿沟"这一概念最先是由联合国和发达国家所提出的，继而各国接受了这个概念并将其作为发达国家和发展中国家交流往来的重要事务主题，而比之于发展中国家，发达国家对"数字鸿沟"这个话题更为积极主动。这是信息化发展水平的不同的原因，发达国家的经济发展迅速，科技实力更强，在发展历史上比发展中国家的信息技术革命要早许多，因此发达国家对科技革命和与信息化有关的社会问题也更加敏感。在这个问题上我们更加能看出，"数字鸿沟"在实际中不仅仅表现在经济和信息技术的发展上，而更加深入的表现在国家的思想意识上，发达国家对信息技术革命和信息技术对经济发展的影响的认识都要远远高于发展中国家。除此之外，发展中国家和发达国家之间的数字鸿沟的不断拉大以及多个发展方面差距的增大，也在不知不觉中加大了发展中国家对发达国家意识上的敌意，并且对经济全球化存在的疑虑也在增大，对于发达国家来讲，这种疑惑和敌意是不利于发达国家传播推进本国的价值观和发展模式的。对于发展中国家来讲，如何应对"数字鸿沟"问题并缩小与发达国家的"数字鸿沟"，不仅仅是简单的信息化建设问题，而会牵扯到缩小南北整体经济方面的差距，以及扶贫

---

❶ 数字鸿沟 [EB/OL]. [2020-06-13]. https://baike.baidu.com/item/%E6%95%B0%E5%AD%97%E9%B8%BF%E6%B2%9F/1717125?fr=aladdin.

❷ 同❶。

减债和增加政府对经济发展的援助等一系列社会经济发展方面的根本性问题。因此，如果不解决南方国家的贫困化的根本问题，发展中国家就无法拥有进行信息基础设施建设和信息化教育的基础条件，那么进行"数字鸿沟"和缩小信息接入与发展的差距也只是空中楼阁。

（二）数字鸿沟存在的原因

国家之间在信息接入与使用方面的"数字鸿沟"产生的原因包括以下几个方面。

首先，由于经济、政治、发展历史等多方面的原因，在全球信息化和数字化的比赛中，发达国家和发展中国家从一开始就不在同一个起跑线上，而最终的结果自然就是强者更强，弱者更弱，国家间的差距不断加大，数字鸿沟加深，国家间信息接入与使用方面的差距不断拉大。

从根本上看，国家间信息接入与使用的不均衡是由于国际政治经济本身的不平等和不平衡造成的。而直到现在，国际政治经济的不平等、不平衡的现象也没有改变。因此，发达国家在这一不合理的国际政治经济秩序中，依靠其强大的经济实力，可以对高科技的贸易进行干涉和封锁来达到本国的经济利益，形成贸易保护，那么高科技的发展就无法在更加广阔的领域发挥其优势而生产更多高附加值的技术产品，这就导致发展中国家在对外贸易的过程中只能长期处于不公平甚至是"被剥削"的位置。在这种情况下，通过信息技术知识来创造经济财富的新型经济就只能存在于发达国家的发展中，极少数的发达国家尤其是美国由于在历史上很早进行了信息技术革命，在"知识权力"集中过程中，这些国家通过技术创新、产业重组和全球垄断早早地获取信息技术发展的"先行优势"，从而牢牢占据了信息革命和知识经济的制高点。由于信息技术产业和高科技风险投资的高回报率的特点优势，发达国家将多余的资本转向内部投资，从而刺激了国内金融市场的繁荣和社会经济的发展。但广大发展中国家尚处于工业化阶段，部分国家仍然处于由农业经济向工业经济转型的时期，信息革命和知识经济的到来，使发展中国家肩负双重发展重任。由于经济较为落后，发展资金有限、知识和人才的匮乏，发展中国家并没有能力推进信息技术的普及工作从而提高因特网的应用水平，而在信息技术的发展中只能始终处于不利的位置。

而在一个国家内部，不同阶层、不同地区中间的经济发展水平的差异则是造成国家内部数字鸿沟的根本原因。比如，在美国，贫富差距比本来就居高不下，而信息技术化将进一步推动经济财富在信息技术所有者、企业家和金融家之间的高速聚集。在发达国家，社会财富倾向于向比尔·盖茨等从事信息技术领域的企业家的手里集中，而无法掌握网络技术的普通公民在未来的社会竞争中将有处于劣势的可能，因为他们普遍缺乏参与以信息为基础的，与计算机相关的新型工作机会；缺少参与网络教育、培训、娱乐、购物和交流等的机会。社会阶层之间、不同地区之间的经济发展不平衡，会造成信息化普及率的巨大差异，不同阶层之间，不同地区居民之间接触新型信息技术的机会，由于经济因素是不平均的。所以，要消除一个国家内部的数字鸿沟，必须和经济发展挂钩，从消除经济发展的不平衡来缩小国内的数字鸿沟问题。

除了经济发展差距这一根本影响因素，还有诸多社会要素也给信息接入和使用的差距的加大造成了影响。比如，国家间在传播技能和传播手段之间的差异，已有的信息技术的存储量的差异，甚至是公众之间的社交方式的差异，以及所选择的信息接触方式的差异，还有当代大众传媒的特殊性质，都对数字鸿沟的不断加大产生了深远影响。

(三) 数字鸿沟的影响

数字鸿沟带来的影响是多方面。

首先，数字鸿沟的加大会带来很多社会问题，由于接触信息技术的机会不同，国家之间，以及国家内部的社会各阶层之间的经济发展水平就会拉大，由此生活质量将受到显著影响。处于劣势方向的民众的生活质量得不到保证，其不满情绪就会加大，由此引发的各种社会问题也会涌现出来，例如教育资源不均衡、工作机会不均等，等等。

　　此外，在学习和生活方面，对于拥有先进信息技术的国家和人民充分参与经济、政治和社会生活，获得计算机和因特网及使用计算机和因特网的能力变得越来越重要。人们利用互联网寻找商品和服务的最低价格。在家工作或创业，利用远程学习来获取新的技能，并基于更多的信息做出更好的决策。这些技术的使用对于工作来说越来越重要，而且在教师和学生的学习方式存在很大的差异。在一些课堂上，教师利用网络与同事交流教案，并与家长沟通。学生可以登录图书馆，下载历史事件的原始文件，并通过互联网参与更多的"做和学"活动。这些学生还创建了可供其他学生使用的大量基于网络的学习资源。这些技术正在改变我们的生活。

　　此外互联网所带来的最大改变，是改变了权利的分配。工业革命以来的两个世纪里，人类追求的都是经济规模。而互联网的出现，开始让世界朝另一个方向发展。互联网是一种让机会均等的新力量。也就是说，未来的差别将在于能不能把握机会。以往没有人或者很少人有机会，但是当人人都有机会时，就很容易看出，哪些人拥有必要的智商与自发的驱动力去善用这些机会。造成差别的不只是智商而已，还有个性和想象力。凡是把握机会采取行动的人，网络可以提供给他们更多的力量。

　　此外，这种信息技术的差距在某种程度上也给各国带来了发展机遇。所有参与因特网革命的公司和国家都有机会去消除这场信息技术革命带来的数字鸿沟，同时它们也会最终享受到消除数字鸿沟后所带来的市场机遇。很多发展中国家和地区也都在认真对待数字鸿沟的风险，并且积极通过改善信息技术基础设施来使每个人分享信息和通信基础设施革命所带来的机遇。低收入人群和经济不够发达的国家如果想抓住分享信息和通信基础设施革命所带来的机遇，除了需要获得相关的高质量的信息技术外，更为主要的是需要拥有能确保平等享用现代信息和通信技术的基础设施的能力。所以数字鸿沟从根本上讲是一种创造财富能力的差距。发展中国家如何抓住机会实施得当的方法技术融入这一信息技术革命，跳过这一数字差距，而进入信息技术和电子商务领域，是摆在所有发展中国家和经济相对落后的国家面前的重要问题。但是如果无法抓住机遇融入信息技术的革命，发展中国家就会又一次错过经济高速发展的机会。

三、各国网络治理能力存在差距

什么是网络安全呢？网络安全就是指网络系统的硬件、软件及其系统中的数据受到保护，不受偶然的或者恶意的原因而遭到破坏、更改、泄露，系统连续可靠正常地运行，网络服务不中断。网络安全从其本质上来讲就是网络上的信息安全。它涉及的领域相当广泛。这是因为在目前的公用通信网络中存在着各种各样的安全漏洞和威胁。从广义来说，凡是涉及网络上信息的保密性、完整性、可用性、真实性和可控性的相关技术和理论，都是网络安全所要研究的领域。无论是在联合国还是在互联网的标准会议上，以及各类行业的发展会议上，网络空间安全和网络治理都是不可回避的话题。而由于世界各国，尤其是发达国家与发展中国家在经济水平和发展水平上存在很大差异，其对于互联网的治理能力也存在很大差异。要想缩小这一差异，最根本的还是增强国家的经济实力。尤其是发展中国家，应该加大对信息技术的重视程度，依靠信息技术的发展带动经济的全面发展。

（一）各国均对网络治理高度重视

随着互联网日益普及，越来越多的国家面临净化网络环境、扼制网络违法犯罪的挑战，各个国家随着经济和信息技术的不断发展，对互联网治理的重视程度也在显著提高。不管是政府层面，抑或国家层面的一种网络对抗，以及网络的恐怖主义。小到我们针对机构的这种网络安全攻击，甚至是个人的网络诈骗以及信息泄露，网络安全问题无时不有。可以说，互联网的发展催生了这么多的安全问题，引发更多人参与到互联网的治理当中。对于全球的互联网生态系统而言，目前还没有看到一个清晰而有效的管理系统。治理机制存在一定的缺失，互联互动经常性地中断，网络犯罪、网络欺诈等现象的频繁出现。

　　比如，英国政府一方面采取各种措施强化网民的自我管理意识，提高众多网络运营商的社会责任意识；另一方面，政府通过行使立法权，颁布一系列法律条约来对网络世界的安全健康运转提供保障。

　　2009年，英国使用互联网的家庭占全国家庭总数的70%，成人用户占全国成人总数的76%。❶ 网络生活已经成为英国社会生活极为重要的一个部分，但也正因为网络生活在社会中占据了如此重要的地位，对互联网的管理显得尤为重要。而互联网的内容往往是良莠不齐的，英国是各国之间重视互联网管理的一批国家中的代表，目前已经有了一系列具有本国特色并可以是社会各方较为满意的互联网管理方案。

　　英国政府网络管理的重要显著特点是倡导互联网行业的自律精神以及协调，主要采取政府监督而不是政府监控。由于互联网各种不良信息不断出现，早在1996年，由英国贸工部牵头，英国主要的互联网服务提供商、城市警察署、内政部和互联网监察基金会四方面的代表，就已经商讨了如何对互联网的良好有效运行进行网络管理，并共同签署了网络监管行业性规范《R3安全网络协议》，其中"R3"分别代表分级、检举和责任，由互联网监察基金会负责该协议的具体实施行动。❷

　　继而英国互联网的主要监管机构——互联网监察基金会以《R3安全网络协议》为基础，拟定了《从业人员行为守则》，在鼓励公民使用新科技的同时，要求网络提供者必须确保互联网内容的合理和合法性。此外，基金会确立了两个基本的对互联网进行治理和监督的指导思想，并且宣布对其他大众媒介适用的法律，对互联网的运行同样适用。

　　互联网监察基金会的管理方法主要有以下三方面。一是建立热线，接待公众举报和投诉。二是统一建立非法内容的名单，以便网络企业可以自己决定是否关闭有关链接。基金会建立了一个有500个至800个非法内容网页链接的名单，每天对名单进行两次更新，将这份名单提供给网络服务

---

❶　王哲. 政府网络监管问题研究 [D]. 长春：吉林财经大学，2011.

❷　英国：互联网监管疏而不漏 [EB/OL]. （2010-08-02）［2018-12-15］. http://www. scio. gov. cn/m/ztk/hlwxx/03/3/Document/728920/728920. htm.

商、移动电话运营商、搜索器服务商和过滤公司，也提供给执法部门和其他有关机构。三是对于不违法、但可能引起用户反感的网络内容，网络管理者应分级和标注，以便用户自行选择取舍。基金会采用"网络内容选择平台"系统，根据裸露、性、辱骂性语言、暴力、个人隐私、网络诈骗、种族主义言论、潜在有害言论或行为、成人主题，对网络内容分类，并在网页上植入标记，当用户浏览到这部分信息时，系统会自动询问是否继续，用户再自行选择。在进行了这一系列的管理之后，英国的互联网治理工作取得了极为显著的成效。我们可以看出，英国互联网治理最为成功的地方在于坚持以行业自律为主，以政府管理相协调，同时加强技术的管理，同时用强有力的法律管理进行辅助在。但是这些措施之所以可以得到有效的实施，与国家拥有先进的信息发展技术，较为完善的法治体系，以及较高的网民素质、英国特有的民主自由主义的思想传统密不可分，这种治理手段虽然良好，但是仍然不具有共性，在一些较为落后的发展中国家，其治理手段也有待提高，治理水平与英国这样的发达国家之间还存在着较大差距。

（二）加强网络治理应该把握的基本方法

首先，政府应该加强对于不实的网络言论的管理。信息对称是言论得以传播和言论市场得以形成的前提。言论市场与信息并不完全对称，所以言论的过度开放必然引起众多社会问题，网络谣言、网络攻击和人肉搜索等现象都会对社会稳定和互联网良好有序发展造成不利影响。因此，加强政府工作的透明度、加快建设法治政府和加大政府的信息公开对互联网的管理起着基础性的作用，因为谣言止于智者，群众的眼睛是雪亮的，如果人们可以获得足够公开透明的信息和准确可靠的信息来源，人们就会拥有自己的理性判断，也就不会轻易被网络舆论所影响，形成网络谣言。

此外，国家应该建立网络舆论的监管体制。只有提前做好预案，分清网络事件性质，才能及时制定相应的快速反应方案，形成全程参与、全面监控的网络舆论监管方式。同时，如同英国对互联网的管理方式，英国借助行业自律、互联网技术支持等多种治理手段，形成综合有效的管控格局。

最后，各国应该始终坚持法律对网络管理的约束作用。各国都应该通过法治来维护社会的公共利益，稳定网络生活。

（三）如何消除数字鸿沟

在一段较长的时间内，消除发达国家与发展中国家之间的数字鸿沟是很难轻易实现的，因为新一轮的国际竞争将进一步稳固发达国家的经济、技术方面的优势，在整体上将扩大与发展中国家间的数字鸿沟。但对发展中国家来说，在缩小数字鸿沟方面并非无能为力。

因为信息革命对那些基础较好并针对知识经济时代的到来采取具体的应对措施的发展中国家来说，既是机遇又是挑战，他们完全可以抓住数字机遇，在信息革命中取得较大进步，实现缩小与发达国家间的数字鸿沟的目标。中国政府多年来一直对数字鸿沟问题给予了高度重视。中共中央关于"十五"发展规划的建议书开篇就明确指出："大力推进国民经济和社会信息化，是覆盖现代化建设全局的战略举措。要以信息化带动工业化，发挥后发优势，实现社会生产力的消除式发展"。❶ 消除或缩小数字鸿沟的具体对策主要有以下几个方面：第一，消除数字鸿沟的关键是加强核心技术的科研和开发。数字鸿沟是由于核心技术存在差距而形成的，积极开展计算机、通信和微电子技术领域的研究具有重要意义。在具体实践中要加大资金、人才投入，提供制度保障和促进，发挥"后发优势"，形成集团整体推进，尽快追赶甚至超越国际领先技术。第二，要加强信息化推进制度建设。在推进信息化方面，政府需要从宏观上加以引导，综合规划发展布局，保持适度超前的发展战略以及信息化制度的稳定性和统一性。要调整产业结构，提高信息化程度。信息化发展是国家的大政方针，是经济发

❶ 大力推进国民经济和社会信息化［EB/OL］.（2010-08-02）［2018-12-15］. http://www.people.com.cn/GB/paper39/5075/538488.html.

展的战略举措，推进信息化必须站在产业发展的战略高度来调整多个产业的关系，全面、整体推进信息化水平的提高。第三，大力借鉴国际通行的政策，参考他国成功举措，并根据我国不同的地区的情况逐步实施信息化推进战略，避免盲目跟风，盲目发展。第四，积极响应和参与国际组织为缩小和消除数字鸿沟方面的工作，并为建立国际信息新秩序而努力。

要想消除数字鸿沟，从根本上还是需要增强国家的经济实力。尤其是发展中国家，应该转变长久以来固有的思想观念，加大对信息技术的重视程度，抓住新时期的新一轮信息技术革命，依靠信息技术的发展带动经济的全面发展。

对于发展中国家，应该坚持以经济建设为基础，大力发展生产力，因为经济基础决定上层建筑，良好的经济基础是信息技术得以发展的保障。发展中国家应该加强科技创新，利用创新对生产力的带动作用，加快调整产业结构，大力促进高新技术产业和第三产业的发展，推动经济结构转型升级。同时，发展中国家应该做好互联网生活的治理工作，加大立法和政府监督工作的力度，对网络舆论进行有效监督，发挥互联网的有利作用，尽可能规避不利影响，并在国际交流中积极向有经验的国家进行经验学习和技术的借鉴。

对于发达国家来讲，应该努力在国际交流中寻求与别国之间存在的利益共同点，寻找合作的基础。树立全球经济一体化的意识，积极对发展中国家提供技术方面的援助，帮助发展中国家克服信息产业革命中的挑战和困难。

第四篇

路 径 篇

　　互联网将世界连成"地球村"，在这个承载着全球70亿人的"村庄"里，网络空间已成为人类信息交流的主场，构建新时代网络新生态显得至关重要。虽然，网络空间全球治理模式几经转变，但治理困境仍如影随形。面对新问题、新挑战，如何站在全球互联网治理的高度发挥责任网络大国的作用，建立网络空间新秩序，携手国际社会一道走出当前困境，是我们必须要思考的重大理论与现实问题。本篇立足对策，着重从战略构想和战略举措两个方面深入分析构建新时代网络新生态的理论创新与实践探索。

|第九章|
网络空间命运共同体理论的提出

当前，网络空间不仅是人类信息交流的核心空间，还是国际竞争的战略制高点。互通是信息的价值，互联是网络的本质，在网络空间中互通互联、同舟共济、权责共担，谁都不能独善其身。网络空间如何发展、治理，关乎各个主权国的发展利益。任何国家都有责任共同解决来自网络空间的挑战，真正认清"一荣俱荣、一损俱损"的连带效应，达成战略共识、树立命运共同体意识，形成网络空间治理新局面。

一、为破解全球网络空间治理难题贡献中国方案

随着信息化建设加速发展，中国正在从网络大国向网络强国迈进。中国在国际互联网市场中扮演的角色越来越重要。中国积极系统思考，深入研究，参与互联网全球治理体系变革的问题，提出了构建"网络空间命运共同体"思想，为网络空间国际合作战略构想提供了理念基础，为破解全球网络空间治理难题贡献中国智慧、提供中国方案。

"网络空间命运共同体"的理念亦是从"人类命运共同体"理念发展而来。早在 2011 年《中国的和平发展》白皮书中提出要以命运共同体为

出发点，去探索人类共同利益的内涵。❶ 在党的十八大中第一次明确提出了"命运共同体"这一新概念。对于"人类命运共同体"思想的提出和发展，最早是在 2013 年 3 月，习近平主席在莫斯科国际关系学院的演讲时指出，"人类生活在同一个地球村里，生活在历史和现实交汇的同一个时空里，越来越成为你中有我、我中有你的命运共同体"❷。"人类命运共同体"理论着眼于人类前途命运的发展大势，倡导树立人类命运共同体意识、推动建设人类命运共同体战略、设计发展人类命运共同体方案，赢得了国际社会的普遍认同。

"网络空间命运共同体"最早出现于 2014 年 11 月，习近平主席在致首届世界互联网大会贺词中第一次将互联网与"命运共同体"概念并提，指出"互联网真正让世界变成了地球村，让国际社会越来越成为你中有我、我中有你的命运共同体。"❸ 2015 年，世界各国"命运共同体"意识凸显，中俄签署国际信息安全合作协定，中德召开互联网产业圆桌会议，中美达成打击网络犯罪重要共识，中英签署首个网络安全协议，中韩召开网络安全会议，上海合作组织举行网络反恐演习，我国新《国家安全法》也首次明确要维护国家网络空间主权。❹ 网络空间发展快速，2015 年 12 月 16 日，第二届世界互联网大会在浙江乌镇开幕，习近平主席在开幕式中正式全面提出"网络空间命运共同体"概念，他强调"各国应该共同构建网络空间命运共同体，推动网络空间互联互通、共享共治，为开创人类发展更加美好的未来助力。"❺ 2016 年，第三届互联网大会重点在创建中国与世界各国交流平台和网络空间治理的中国平台。习近平主席指出"互联网

❶ 《中国的和平发展》白皮书 [EB/OL]. (2011-09-06) [2020-06-13]. http://www.scio.gov.cn/zxbd/nd/2011/document/999798/999798.htm.

❷ 习近平. 顺应时代前进潮流促进世界和平发展——在莫斯科国际关系学院的演讲 [N].人民日报，2013-03-24 (2).

❸ 习近平向首届世界互联网大会致贺信——共建和平安全开放合作网络空间 [N]. 人民日报·海外版，2014-11-20 (1).

❹ 张绍荣. 论习近平构建网络空间命运共同体思想 [J]. 思想理论教育导刊，2017 (6)：32.

❺ 徐隽. 习近平出席第二届世界互联网大会开幕式并发表主旨演讲 [N]. 人民日报，2015-12-17 (1).

是我们这个时代最具发展活力的领域。互联网快速发展，给人类的生产生活都带来了深刻变化，也给人类社会带来了一系列新机遇和新挑战。互联网发展是无国界、无边界的，利用好、发展好、治理好互联网必须深化网络空间国际合作，携手构建网络空间命运共同体。"❶ 旗帜鲜明地指出要在网信工作中要树立整体思维和底线思维，正确处理好开放和自主的关系。

2017 年 10 月 18 日党的十九大胜利召开。在党的十九大报告中，习近平总书记首次将"推动构建人类命运共同体"提升到"新时代中国特色社会主义思想和基本方略"的高度，以"为人类进步事业而奋斗"的历史眼光，向全世界发出了"构建人类命运共同体，建设持久和平、普遍安全、共同繁荣、开放包容、清洁美丽的世界"❷ 的呼吁。报告中提出的"共商共建共享的全球治理观"，同样为构建网络空间命运共同体，指出了重要的方法和理论指导。2017 年 12 月 3 日，在第四届互联网大会开幕式贺信中，习近平强调中国倡导"四项原则""五点主张"，就是希望世界各国在网络空间中践行真正的"共享共治"，在治理中贡献力量与智慧。❸ 2018 年 4 月 20 日，习近平总书记在全国网络安全和信息化工作会议上发表重要讲话，推进全球互联网治理体系变革是大势所趋、人心所向。❹

2018 年 11 月 7 日至 9 日，在浙江乌镇举行第五届世界互联网大会，9 月 28 日国务院新闻办公室的新闻发布会上国家互联网信息办公室副主任刘烈宏宣布本届大会的主题设定为"创造互信共治的数字世界——携手共建网络空间命运共同体"，旨在进一步推动世界各国树立互相信任、共同治理的互联网发展观，倡导在数字领域的交流互鉴、合作共享，共同推进全

---

❶ 习近平. 治理好互联网必须深化网络空间国际合作［EB/OL］.（2016-11-16）［2020-06-13］. http://news.10jqka.com.cn/20161116/c595026077.shtml.

❷ 习近平. 决胜全面建成小康社会夺取新时代中国特色社会主义伟大胜利——在中国共产党第十九次全国代表大会上的报告［R］. 北京：人民出版社，2017：58-59.

❸ 世界互联网大会乌镇开幕，习近平贺信重点谈了这件事_新闻频道_中国青年网［EB/OL］.（2017-12-04）［2020-06-13］. http://news.youth.cn/sz/201712/t20171204_11101127.htm.

❹ 习近平出席全国网络安全和信息化工作会议并发表重要讲话［EB/OL］.（2017-12-04）［2020-06-13］. http://www.gov.cn/xinwen/2018-04/21/content_5284783.htm.

球网络空间的和平与发展。❶

综上，"网络空间命运共同体"是中国对全球网络治理体系提出的中国方案、发出的中国倡议。网络空间命运共同体可以被理解为在网络空间中存在的、基于世界各国彼此之间相互依存、相互联系、共同掌握这一空间的前途与命运特征的团体或组织❷。这一中国智慧的提出，不仅有利于各个国家、民族之间进行交流，更有利于完善互联网治理体系，推进全球网络治理能力提升。对此，关于"网络空间命运共同体"可以进一步理解如下。

1. 现实社会是网络空间命运共同体构建的基础

相对于现实社会，网络空间是虚拟的，互联网为网络空间提供技术支撑。它是通过互联网和数字化虚拟，将各种复杂多变的信息转化为 0 和 1 数字方式来表达事物及其关系，以构建"一种再现的或人工的世界，一个由我们的系统所产生的信息和我们反馈到系统中的信息所构成的世界。"❸ 但我们发现，人类仍采用"改造世界"的方式去认识世界、处理人与自然的关系，只是网络技术的更迭带来了"人类生活的第五空间"。人们在网络空间进行着不同的虚拟活动，建立了不同的虚拟联系和关系，构成了网络虚拟社会，也被称之为"虚拟现实"。那么，在这个虚拟社会中要构建"命运共同体"，达成共识，它的基础和前提究竟是什么？习近平科学运用马克思主义哲学基本原理做出了辩证回答。一方面，坚持马克思恩格斯实践观。认为人只有在实践中，才能不断实现探索自然界、适应世界科技大发展的变革。人类自诞生以来，虽然实践生活发生了翻天覆地的变化，但人类的本质仍然是具有自觉活动性的人的活动，一直都是从自身需要出

---

❶ 创造互信共治的数字世界——携手共建网络空间命运共同体 [EB/OL]. (2017-12-04) [2020-06-13]. https://www.sohu.com/a/273578045_485245.

❷ 林伯海，刘波. 习近平"网络空间命运共同体"思想及其当代价值 [J]. 思想理论教育导刊，2017（8）：35-39.

❸ 迈克尔·海姆. 从界面到网络空间——虚拟实在的形而上学 [M]. 金吾伦，刘钢，译. 上海：上海科技教育出版社，2000：79.

发，进行着一系列的实践活动。去探索自然、拓展空间、探究生活环境，从事满足自己需要的实践活动。马克思强调以实践作为基本观点来认识世界，他在《关于费尔巴哈的提纲》中提出以往的一切哲学都在解释世界，而问题在于改造世界。另一方面，习近平总书记还在多种场合强调物质社会和现实社会始终是当代一切社会的根本和基础观点。

从世界物质统一性原理看，网络空间命运共同体构建只能根植于现实社会。网络空间命运共同体构建需要依托互联网，在网络空间中进行虚拟实践。正如，万维网之父蒂姆·伯纳斯·李坦言："网络不是一个技术产物，它更像是一个社会产物。"❶ 这使得网络空间命运共同体与传统人类实践方式一脉相承，网络是劳动工具的新变式，和以前一切技术一样，支持并丰富人类的社会生产和交往需要。网络信息时代的虚拟实践是人类行为方式的创新，打破了物质世界的界限，使主体置身于一个虚拟实践中，去认识、感知、探索，从而影响人们的生活。"虚拟社会"或"数字化生存"是网络信息时代生活方式的一种展现，是人类生存发展中的一种特殊形态。虚拟实践使现实社会中的人在网络空间中主体性得到张扬，但是它依然是现实社会中的人所从事的活动。即使虚拟现实技术发展到了难以想象的程度，网络空间命运共同体不能违背也不可能改变世界物质统一性原理。现实社会一直且仍将是人类生存和发展的基础。脱离了现实社会，网络空间命运共同体构建就如同成了无源之水、无本之木。现实社会永远都是网络空间命运共同体构建的坚实根基，而网络空间命运共同体构建也是为了服务于现实社会及现实的人。

从社会存在决定社会意识的原理看，网络空间命运共同体必须回到现实客观环境中去检验。在理论界，学者们不断揭示网络空间的人造性质，强调无论是对数字虚拟化技术的设计、运作还是发展都必须要坚持以人为本，要不断地接受现实社会的实践检验。当前，数字化虚拟技术的飞速发

---

❶　安德鲁·基恩. 数字眩晕：网络是有史以来最骇人听闻的间谍机［M］. 郑友栋，李冬芳，潘朝辉，译. 合肥：安徽人民出版社，2013：137.

展，已经从最初的"虚拟现实"到如今的"增强现实"，再到"混合现实"，使得虚拟现实越来越逼真，它不仅是对现实世界的复制描述，也展现出人们以前不曾发现的现实属性。无论是描述还是创造，网络空间的探索必须依赖人类认识世界和改造世界的能力。在永无止境的网络空间的探索与发展和网络空间命运共同体共建过程中，必须始终坚持从现实出发，紧紧依靠实践，科学探寻规律。要"坚持把唯物史观作为全面认识网络社会功能的根本观点和方法：以是否有利于推动生产力的发展、生产方式的变革和社会的全面进步，促进人的全面而自由的发展，作为评价网络对人类生存和社会发展影响的根本尺度"❶。如果一味用孤立、片面的观点看到网络空间命运共同体，认为其可以脱离现实社会和实践检验，就会导致全球网络空间治理进入虚妄、无序、混乱的局面。

2. 网络空间命运体是人类命运共同体建设的应有之义

从人类命运共同体到"网络空间命运共同体"是合乎逻辑的发展。正是互联网技术的快速发展，为人类命运共同体的构建创造了无限可能。当今，现实世界中要致力于构建人类命运共同体。人类命运共同体具有包容性、综合性，是一个多维度的概念，其涵盖政治、安全、发展、文明、生态等多个领域。网络空间中要构建"网络空间命运共同体"有赖于社会中的人在现实社会共同进行努力。

一方面，网络空间命运共同体实践主体是现实的。虽然网络空间是虚拟的，但是参与、运用、发展网络空间的主体是现实的。无缝连接的网络改变了人类认识世界、认识自我的方式，体验到天涯若比邻的现实存在。这就决定了虚拟空间中我们欲构建的人类命运共同体与现实世界中欲构建的人类命运共同体之间，必然存在着紧密的逻辑联系。它是人类命运共同体在网络空间的自然发展和延伸，根本地说，它是马克思主义关于自由人

---

❶ 代金平，周卫红，魏钢. 哲学网络观研究：内容与意义 [J]. 探索，2006 (5).

联合体思想在网络空间的现实表达。❶ 例如,"一带一路"是我国根据全球化发展趋势提出来的构建人类命运共同体的具体实施。在"一带一路"经济区开放过程中,虚拟技术被广泛运用,网络空间成为重要平台,搭建了人与人之间信息互通、资源共享,从而更好地解决国家间在政治、经济、发展等方面的现实问题。

另一方面,网络空间命运共同体也是文明共同体。这与人类命运共同体有着共同精神内涵。2015 年 9 月,在联合国成立 70 周年系列峰会上,习近平主席全面阐述了人类命运共同体的内涵。强调指出,要"建立平等相待、互伤互谅的伙伴关系,营造公道正义、共建共享的安全格局,谋求开放创新、包容互惠的发展前景,促进和而不同、兼收并蓄的文明交流,构筑尊崇自然、绿色发展的生态体系"。❷ 习近平也多次强调,"网络空间是亿万民众共同的精神家园"。❸ 穿越古今的对话、中西文化的碰撞、领悟人类精神文明,在今天已不单单是靠翻阅文献、理论学习,更多的是在网络空间中进行微观、虚拟、穿古今、跨国界的频繁交流中。这种微观却频繁的交流中,人们越来越深刻地认识到,在网络空间命运共同体的意义上看待人类文化的多样性景观,才能维护、呵护人类的核心文化价值。❹ 网络命运共同体是在文明从区域性存在向世界性发展转变中的新兴文明共同体的重要特征。❺ 由此可见,网络空间命运共同体的提出是人类文明演进的必然趋势。

---

❶ 张绍荣. 论习近平构建网络空间命运共同体思想 [J]. 思想理论教育导刊, 2017 (6):32-35.

❷ 习近平主席将在联合国发展峰会上阐述新发展观 [EB/OL]. (2015-09-16) [2020-06-13]. http://world. people. com. cn/n/2015/0916/c1002-27594683. html.

❸ 习近平:网络空间是亿万民众共同的精神家园 [EB/OL]. (2016-04-20) [2020-06-13]. http://www. cac. gov. cn/2016-04/20/c_1118679396. htm.

❹ 让互联网解构人类命运共同体 [EB/OL]. (2015-12-16) [2016-01-10]. http://guan-cha. gmw. cn/2015-12/16/content_18118233. htm.

❺ 王钰鑫. 习近平网络空间命运共同体思想的生成、内涵与构建路径 [J]. 广西社会科学,2018 (6):7.

3. 网络空间命运共同体蕴含着利益与责任的统一

伴随着互联网、物联网等技术的普及，智能化的生产生活将越来越多的人实时接入网络空间。网络空间作为共同的空间，带给人类共同的挑战。全球网络安全形势越来越严峻，有新技术带来的窘境，在政治、经济、文化等领域网络渗透、网络暴力、网络恐怖主义等依旧存在，并且形式更加多样化。诸如此类的挑战，是全球各国面临的共同挑战，更加迫切需要各国人民构建网络空间命运共同体，来应对共同的挑战。

俗话说，挑战与机遇并存。在网络空间各国面临着共同的挑战，同时也迎来了共同的利益，网络空间的发展也给各国经济发展带来了财富和机遇。站在网络命运共同体的高度，才能更清晰地认识如何促进经济繁荣发展。推动数字经济发展，各国以网络空间为载体，将信息作为核心生成要素，实现传统经济向网络经济的升级，加速全球市场一体化进程，新领域新模式的不断涌现，推动世界经济健康发展，完全符合各国的利益，从而使得共同利益驱动网络空间命运共同体构建。显然，全球各国已成为网络空间中最重要的"利益攸关方"，那么网络空间治理，要使得"网络命运共同体"走向实践，需要各国承担必要责任。对于国家而言，在网络空间治理中的责任分三个层次：一是基础责任，主要是遵守当前网络空间的前提下，各国要有自己过硬的技术努力发展自身能力，从而承担为网络空间安全和网络经济繁荣做出贡献的责任。二是有限责任，要维护网络空间秩序并制止破坏的责任，其行为要符合当前网络空间规范。三是领导责任，要积极创建和发展网络空间规范的责任。总体来说，网络空间各国，除了对内发展网络技术、维护网络安全之外，还应努力参与到网络空间规范、价值观构建等方面。任何逃避责任的行为，都将损害本国在网络空间中的利益。对中国而言，作为网络空间的崛起大国，面对网络空间治理带来的机遇和挑战，提出了构建"网络空间命运共同体"中国方案，实施了"网络强国"的战略部署，成立了"中国共产党中央网络安全和信息化委员会"，彰显了中国维护网络空间繁荣、保障网络空间安全的大国责任意识。

二、推动网络空间和平发展、合作共赢

"网络空间命运共同体"作为一种理念的提出，绝不是凭空臆造的，它不仅要经历无数次头脑风暴产生思想，还要认真分析当下社会状况之后通过无数次实践论证产生。网络空间成为各国争相抢夺的战略高地，是当今促进人类和平发展、合作共赢的必由之路。人类发展至今，和平与发展如同空气阳光般围绕着每个国家的发展。改革开放以来，中国坚持和平与发展的外交战略从未动摇，在和平发展、合作共赢的道路上，用坚实的行动迎来了一个又一个新起点。构建"网络空间命运共同体"，正是为了彻底摒弃你输我赢的旧思想，跳出零和博弈的怪圈，强化合作共赢的时代精神，汇集和平发展的前行力量。在网络空间中，中国始终以和平作为出发点，积极倡导和促进网络空间和平与稳定，通过维护网络空间稳定和促进各国和平利用，使人类在网络空间的活动在更大范围、更深层面、更高水平上服务和增进人类福祉，不断把人类和平与发展事业推向前进。中国抓住网络空间带来的时代机遇，发挥网络强国的作用，就网络空间发展何去何从亮出"中国方案"。在日本横滨国立大学名誉教授村田忠禧看来，习近平主席倡导的构建人类命运共同体堪称世界版的"改革开放"。网络命运共同体的构建为世界网络空间发展发出了召唤，人类未来和平与发展的道路能否走得顺走得稳，取决于各国能否抓住网络空间的和平发展、合作共赢的时代机遇，把本国的网络空间发展难点作为起点，作为机遇，携手各国在共建、互利、互动中开辟人类社会和平发展的新时代，共创全球网络空间的美好未来。

（一）"网络空间命运共同体"理念蕴含着中国传统文化"和"的思想

自古至今追求和平，"和"的文化、思想浸润着世代中国人的精神世界，这是和平发展道路至今走得稳的重要根基。中国传统文化作为中华民族精神内核的承载，是民族"根"之所在。而作为传统优秀文化的"和"

思想，成为中华民族几千年以来的根本价值取向。中国传统文化源远流长、博大精深。其中，"和"是中国文化中"一以贯之"之道，是中国人文精神的生命之道。❶ 中国传统文化中"和"思想包含着中国人对于世界、对于自然、对于人类等的思考，在"和"思想体系中，"仁爱、和谐、共享"的这些核心精神理念始终贯穿其中。几千年以来，这些精神并未随着时间而改变，仍旧在国家发展、社会治理等方面发挥着重要作用，在对构建网络空间命运共同体中具有重大价值。

1. 以"爱"为本

中国传统文化中关于"爱"的思想有很多，其中最具有精辟而独到见解的为儒家的"仁爱"思想和墨家的"兼爱"思想。无论是"仁爱"还是"兼爱"，都是一种大爱，都体现着中国人"兼济天下"的济世情怀。在当今网络空间还没有形成统一规范的国际秩序和治理方案，霸权主义仍在肆虐，新老国际问题在现实社会和网络空间交互影响。借鉴中国传统"和"文化思想，领悟以"爱"文本的精髓，继承中国传统处世之道的时代精神，引领网络空间命运共同体构建，为人类网络空间发展提供了方向指导和理想模式。

一是儒家学派的"仁爱"思想。孔子倡导"仁者爱人"，仁爱是孔子思想的精髓，仁爱是中华民族的精神支柱。中国人的家国情怀、乡国情怀、爱国情怀皆因仁爱之心，仁爱是传统文化中最具当代价值的宝贵资源。儒家所倡导的"仁爱"崇尚热爱大千世界的万事万物，是一种大爱，这种"仁爱"体现着中国人的"兼济天下"的济世情怀。二是墨家的核心思想"兼爱"。"兼爱"意指人与人之间要普遍地、无差别地相爱与互助。墨子相信，在国与国的交往中，坚持"兼相爱"的关系必然会带来"交相利"的多赢结果。网络空间是一个相互依存的世界，各国尽管大小不一、强弱不同，但相互之间应当遵循"兼爱"的原则，多从国际道义出发，在

---

❶ 肖晞，牛勇. 中国传统文化中的"和"对中国外交的影响 [J]. 武汉大学学报（哲学社会科学版），2010（2）：187-194.

发展的同时要兼顾一下他国的利益，彼此间的信任就会增强。伴随国与国之间信任的增强，冲突和矛盾就会减少，有利于网络空间的全面繁荣发展。和睦共处，多考虑一些国际道义，多兼顾一下他国的利益，才能增加国与国的信任，从而降低冲突和矛盾，也有利于网络空间的全面繁荣发展。

2. 以"和"为要

中国文化源远流长，博大精深，经历历史长河的洗礼，塑造了中国人民爱好和平，追求和谐的民族秉性。首先，"天人合一"的哲学理念，体现了对和谐世界的追求。从古至今，中国人追求的"和谐"绝不是单单的个体之间的和谐。个体与个体之间的和谐、个体与社会之间的和谐、不同社会之间的和谐、人与自然的和谐、人自身内部的和谐等都涵盖其中。这种"天人合一"的传统价值观影响着人与人的相处，同样也为国家以及民族间如何相处提供了方向。而网络空间命运共同体思想正是对"天人合一"的继承和发扬。

其次，"天下大同"的世界观，蕴含着理想的治理理念。中国独特的地理环境，北部延伸至草原、沙漠，向西为高原，而东部和南部是浩瀚海洋。钱穆先生曾对古中国做出这样的总结，"在中国人的观念里，本没有很深的民族界限，他们看中文化，远过于看重传统。只有文化高低，没有血统异同。因此，中国人对当时他们所谓的异民族，也并不想欺侮他们，把他们吞没或消灭，这是中国人的对外政策，自名为怀柔政策。"❶ 中国古代所追求的理想社会是以"天下"为单位，最终达到"大同"的理想状态。关于"大同"这一理想状态，在西汉戴圣《礼记·礼运篇》做出了一个较为完整的描述："大道之行也，与三代之英，丘未之逮也，而有志焉。大道之行也，天下为公，选贤与能，讲信修睦。故人不独亲其亲，不独子其子，使老有所终，壮有所用，幼有所长，鳏寡孤独废疾者皆有所养，男有分，女有归。货恶其弃于地也，不必藏于己；力恶其不出于身也，不必

---

❶　钱穆. 中国文化导论 [M]. 上海：生活·读书·新知三联书店上海分店，1988：107-108.

为己。是故谋闭而不兴，盗窃乱贼而不作，故外户而不闭。是谓大同。"内在意义就是"天下"为人类共同拥有，在这个世界里面没有阶级、没有剥削、没有战争，在这里人人各尽其才，和睦相处，致力于追求天下公平、正义、和谐与安定。也正是这样的"天下大同"的世界观，才铸就中国人民内心对追求理想大同世界的和平基因。

再次，"和而不同"的文明观，促进不同文明的和平发展。在中国古代哲学思想中，"和"强调的是不同事物之间相互协调、结合而达到统一，尊重包容多样性就是其基础。和谐但非千篇一律，不同又不彼此冲突而达到和谐统一，共生共存的状态。例如，春秋战国时期的百家争鸣、百花齐放，产生了不同学派的思想，彼此之间并不是相互发难，而是在碰撞中相互吸收借鉴，取长补短丰富发展自己的学说。中华民族虽然在历史上多次经历了外族奴役，但是这种奴役也仅仅是在政治领域的统治，外来民族总是在潜移默化中不自觉地接受中华文化，从而促进本民族的文明进步。这就是"和而不同"思想的影响，包容尊重不同文化的存在，并在相互影响之间促进文明的进步，从而达到协和万邦的最高境界。

最后，"以和为贵"的和平发展观，是中国人民内心最根本的追求。自古以来，中国的思想家就反对战争，崇尚和平。在"以和为贵"的文化熏陶下，古代中国的统治者很少对外发动侵略战争，在与他国发生矛盾时也是极力采取和平的方式解决。正如，意大利天主教传教士利玛窦来到中国传教后，了解了中国当时的经济、文化、军事等实力后，对中国统治者无意谋求霸权表示不解，"这一点似乎很出人意料，在一个几乎可以说是其疆域广阔无边、人口不计其数、物产多种多样而且极其丰富的王国里，尽管他们拥有装备精良、可轻而易举征服邻近国家的陆军和海军，但不论是国王还是其他的人民，竟然都从未想到去进行一场侵略战争。他们完全满足于自己所拥有的东西，并不热望着征服。在这一方面他们与西方某些国家截然不同；他们常常对自己的征服不满，垂涎别人所享有的东西。现在西方诸国似乎被称霸世界的念头消磨得筋疲力尽，它们甚至不能像中国

人那样在长达数千年的时期里所做的那样，保持其祖先留下来的遗产。"❶
究其根本，就是一种以"和"为贵的治国思想，在经历千百年的风雨洗礼
中，爱好和平已经根植于中华儿女的心中。

　　3. 以"共享"为道

　　网络空间是人类共同的"栖所"，各个国家在发展展示自己的时候，
应该是以一种相互尊重、包容，共存共享的理念，在一种崭新形式的共生
中探索国与国之间的"相与之道"。中国传统文化中追求大同的理想状态，
非常重要的途径就是提倡共享盛世的状态。关于共享，在思想方面儒家学
派强调"天下为公""和衷共济"，墨家提倡"兼相爱，交相利"。"独乐
乐不如众乐乐"，中国人一直以来就希望通过和平发展实现大同梦想。在
实践方面，中国古代很多强大的朝代都在践行"共享"的理念。比如汉唐
时期，是中国封建社会最为强盛的朝代，但是恰恰在这个时期，中国与其
他周边国家的经济往来、文化互通达到了一个顶峰，中国在当时是展现了
大国风范，将自己的文化、经济、军事各个领域的成果进行了文化输出，
展示了共享理念，不仅本国经济得以发展，也带动了周边国家的进步。在
当今全球网络空间发展趋势下，中国提出构建"网络命运共同体"，寻求
全球治理理念和模式的创新，这种"共享"理念符合当今时代，互联网发
展的整体趋势，因此基于此"网络空间命运共同体"必将被接纳。

　　(二) 网络空间命运共同体构建与和平发展、合作共赢产生双向互利

　　"网络空间命运共同体"的构建，其实质是中国外交思想在网络空间
领域的实践与发展。中国当代的外交思想又深刻地影响着网络空间命运共
同体的构建与发展。1953 年首次提出的"和平共处五项原则"，将中国千
百年的思想文化核心鲜明地向世界展现出来。"和平共处五项原则"主要
由互相尊重主权和领土完整、互不侵犯、互不干涉内政、平等互利、和平

---

　　❶ 利玛窦，金尼阁. 利玛窦中国礼记 [M]. 何高济，王遵仲，李申，译. 北京：中华书
局，1983：124–135.

共处的五项原则构成，长期以来，它一直作为中国外交的规范和原则，在中国的国际交往中扮演着非常重要的角色。为中国的外交事业做出了巨大贡献，不仅大大改善了中国的国际形象，提高了中国的国际地位，同时也为中国赢得了越来越多的战略伙伴。1949年以来，中国外交思想中始终体现着"和平发展"的理念，"合作共赢"的精神。

和平发展、合作共赢促进全球网络空间命运共同体长期稳定发展。1949年以来，一方面中国外交始终贯彻"和平发展"理念。在中国当代外交理念中无时无刻都存在着"和平发展"理念的身影。中国在发展过程中，始终将和平发展作为基本出发点，才能在世界上获得大多数国家的认可和支持，才在一个整体稳定的环境中发展。另一方面，长期以来，合作共赢都是中国外交思想中重要的理念和原则。"合作共赢"常常作为中国外交的重要词汇被广泛使用。从理论层面理解，"合作"代表的是中国积极参与国际事务的诚意和决心，"共赢"代表着中国参与国际事务的发展理念和原则。"合作共赢"这种精神代表了国际社会的发展趋势及全人类的发展诉求，从实践层面来看，"合作共赢"理念自身就包含着一种中国与世界的双向互利。一是世界的发展离不开中国。新时代，中国以其综合国力向世界展现它的实力，世界各国期待中国能够承担与综合国力相匹配的国际责任，中国积极在国际舞台贡献中国智慧，也必将推动国际秩序更加完善。二是中国的发展也离不开世界。当今世界经济的全球化、世界多极化、社会信息化等因素迎来了新时代潮流，全球价值体系也发生深刻变革，人类所面临的全球性问题也日益凸显。中国要顺应时代潮流的客观需求，繁荣发展，离不开国际环境的和平稳定，依赖于与各国的交往与互动。因此，和平发展、合作共赢将引领世界各国长期稳定发展，为构建"网络命运共同体"增强信心和动力，最终实现利益的可持续发展。

网络空间命运共同体将为网络空间激发核心竞争力，同心追求共同利益。构建网络空间命运共同体是为了营造稳定和平的网络空间环境，因为只有在长期稳定的环境中才能带来发展共赢的动力。一是网络空间命运共同体为国际社会的发展提供源源不断的动力。互联网技术的革命推动了世界的扁平化、去中心化过程。网络空间使得国际社会联系更紧密，在国际社会中，国家实力的不同造就了国家间相互依赖程度的不同，超级大国对其他国家的依赖相对较低，而相对的小国同其他国家的依赖程度更高。从威斯特伐利亚格局到维也纳格局，再由凡尔赛——华盛顿格局到雅尔塔格局，再到"一超多强"的格局，国际格局不断演变。国际社会处在和平时期，国际社会政治经济可以得到良好的发展，反之就会遭受破坏。正如，英国历史学家汤因比说："政治上的分裂乃是西方化进程给全球政治地图造成的主要特点之一。西方文明在全世界扩张时就把西方这份分裂和混乱遗产传遍地球的每一个角落。我们从大一统国家历史中所获得的最大教益之一就是，相互竞争的文化如何和平共处并相互促进、相得益彰。"稳定发展能够缔造和平。众所周知，1945 年第二次世界大战结束至今，70 多年欧洲主要国家没有战争，这是欧洲历史上破天荒的事情，背后的最直接的原因就是欧洲联盟的出现，它是欧洲几十年来一直在搞经济政治共同体。2012 年诺贝尔和平奖颁给了欧盟，在颁奖词中是这样写道："欧盟帮助欧洲从一个充满战争的大陆转变成一个充满和平的大陆。"由此可见，国际社会深知战争所带来的灾害，无比渴求和平，只有在和平的国际环境中，各国才可以增进交流，共同发展。二是网络空间命运共同体为国际社会的共同利益凝聚合力，激发核心竞争力，促进全球网络空间合作共赢的局面。国际社会的共同利益是构建网络空间命运共同体的纽带，如何激发充分发挥它的作用显得尤为重要。关于共同利益，卢梭指出："如果说个别利益的对立使得社会的建立成为必要，那么，就正是这些个别利益的一致才使得社会的建立成为可能。正是这些不同利益的共同之点，才形成了社会的联系；如果所有这些利益彼此并不具有某些一致之点的话，那么就没有任何社会可以存在的了。因此，治理社会就应当完全根据这种共同的利益。"我们也看到，"无国界、无边界"的网络空间不同于海、陆、空、天等自然物理空间，具有主体多元性、活动跨国性等特点，但是网络空间中各国的共同利益却是不尽相同的，主要反映的是在网络空间中指一切满足民族国家全体人民物质和精神需要，与其生存和发展息息相关的诸多因素的综合。只有构建"网络空间命运共同体",充分体现各国共同利益,才能发挥网络空间中各种实践主体的力量,共同创建和平发展、合作共赢的网络空间。

三、增强网络空间联通交流互鉴

网络的本质在于互联,信息的价值在于互通。"网络空间命运共同体"的核心内容就是让各个国家都能从网络空间新秩序中普遍获利,让全人类都能共享互联网发展成果。网络空间作为虚拟的网络世界并非建于"空中楼阁"之上,它是基于现代化信息网络技术而架构的虚拟世界,必须要有大量的网络基础设施建设作为支撑和保障。当今社会,互联网已经像铁路、公路、航空等交通基础社会,成为人类赖以生存发展的公共基础设施。网络空间的关键基础设施包括互联网根服务器系统管理、IP 地址分配和管理、域名资源分配和管理、公用网络、网络协议与物理线路,以及金融、银行和商业交易的数据资产等。如果不能实现互联互通,网络空间的互惠互利只能是虚无缥缈的空谈。无论从社会学、法学还是政策角度去认知网络空间,都存在一定的共性,这种共性主要表现在两个方面:一是不能忽视互联网技术与网络基础设施在网络空间治理的作用;二是网络空间共建的重心应放在网络空间中人的行为活动上。网络空间命运共同体构建就是围绕这两个共性,发挥"硬支持""软支持"在网络空间发展中的作用,从而增强网络空间联通交流互鉴。

(一)"硬支持":互联互通提升网络空间技术

网络空间技术最早是从军用为主,互联网的出现是始于美军国防高级研究计划局(DARPA)为确保战时的可靠军事通信而资助的 ARPANET 项目。迄今为止,从网络空间技术发展的时间轴来看,互联网技术发展共经历了三个阶段。一是互联网技术发展初期,这个时期网络技术主要是以超文本标记语言 HTML、HTTP、万维网等为代表的首批互联网信息发布技术统一了网络信息的格式化描述、存储定位和访问方法，实现了全球信息资源的共享。二是以动态网页、P2P 下载、社交网络为代表的可变交互式网络和自媒体技术不断涌现，改变了网络信息单向、静态的传统发布模式。三是以无线局域网、移动互联网、物联网为代表的新兴网络连接技术极大地扩展了互联网的覆盖范围。综上，我们可以看出，互联网技术的发展与应用本身的差异不仅决定了网络空间发展的不同阶段，更为重要的是它所提供的硬支持，更加决定了相应阶段网络空间治理的内容、重心以及解决方式。

回顾历史，技术是第一生产力，技术的发展与应用如同车轮"轴心"一般，以自身不可抗拒的力量，推动着人类历史的车轮滚滚向前。例如，火药打破了骑士群体的优越感，使其垄断权力的诉求变得更加困难；造纸术和印刷术则成为新教的宣传工具，促进了宗教改革的发展；指南针助力西方打开世界市场，并建立起全球殖民体系。❶ 换言之，一个国家的兴衰发展是以其促进还是阻碍这种时代技术增长为转移的。网络空间技术是网络空间发展的实践基础，直接影响着国家的发展，主要从网络技术与国家经济、政治、军事等方面的密切关系进行分析。

一是互联网空间技术与国家经济发展。一般而言，技术先进的国家通常经济发达，技术落后国家经济则欠发达。从 16 世纪开始的四次科技革命，用国际世界发展的事实一次次证明新技术的发明创造与实际应用，使得技术因素充分发挥作用，转换为生产力，在经济领域成为影响国家实力地位的重要因素。谁掌握了关键核心技术，不仅能提升自身国内经济发展速度，还能扩大自己在世界经济格局中的影响力。网络空间技术在经济领域已经得到广泛的应用，对经济资源、交易方式、经济组织结构等都产生了深刻的影响，逐渐成为带动经济增长的核心驱动力。以 2016 年国家信息化发展评价报告中"一带一路"沿线国家的信息化发展指数（见图 9-1）、国家信息化指标实现情况（见图 9-2）为例，可以看出网络空技术对经济

---

❶ 管锦绣. 马克思技术哲学思想研究［D］. 武汉：武汉大学，2011：7-8.

的影响力其核心在于现代技术创新发展。所以，在发展国家经济时，不能简单地将网络经济凌驾于实体经济而忽略其技术核心因素的影响。

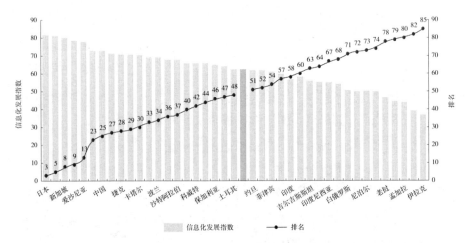

图 9-1　2016 年"一带一路"沿线主要国家信息化发展总指数对比

数据来源：中国互联网信息中心. 国家信息化发展评估报告（2016）：11.

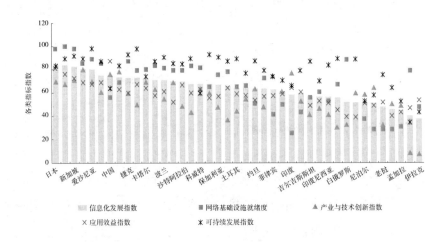

图 9-2　2016 年"一带一路"沿线主要国家各类指标实现情况

数据来源：中国互联网信息中心. 国家信息化发展评估报告（2016）：12.

　　二是网络空间技术与国家政治发展。伴随着互联网技术的发展，人们在充分享受互联网带来的各种便利同时，也给国家管理带来了前所未有的挑战。一方面网络空间技术带来的电子政务的推行，促进了政府服务、提高了政府效率，降低了行政管理成本、增强了政府工作中的透明度。同时也建立了民众与政府间的沟通，比如通过电子邮件、在线办理、网上投票等手段。另一方面，网络空间技术的发展给国家信息安全，带来了"政治风险"。主要表现在网络空间技术为恐怖主义和政治渗透和平演变宣传威胁政权稳定等提供了活动阵地。我们以最为严重的暗网为例。暗网是利用加密传输、P2P 对等网络、多点中继混淆等，为用户提供匿名的互联网信息访问的一类技术手段。维基百科中的资料显示，在所有的暗网网站中，除去占比 47.7% 的无用数据，非法内容的占比极高，其中与极端主义相关的内容占 2.7%，与黑客相关的内容占 1.8%。

三是网络空间技术与军事安全。技术的发展是依据人类需要进而推动，国防和军事安全上的需要是推动技术发展的强大动力。从第一次技术革命到第四次技术革命不难看出，技术深刻地影响着国家军事安全发展。16 世纪以前，人类战争的主要形态为冷兵器战争，刀剑、棍棒等是重要武器，人类进行战争的目的也是围绕制陆权而展开。第一次科技革命被称为"技术之兴"，工业革命加快了机械工业、造船工业及航海交通的发展，火枪、轮船等是当时战争的关键武器，战争形态为火枪炮战争。第二次科技革命的标志是以电力技术为标志，被称为"技术之承"，铁甲舰、火炮是关键武器，带来了半机械化战争。第三次科技革命影响下，战争形态为机械化战争，这次科技革命发生在美国，以电子计算机、原子能和空间技术为标志。以计算机为代表的科技革命被称为"技术之启"，为国家间博弈开启了新场域。第四次科技革命开始于 20 世纪 70 年代，常被称为"技术之要"，是基于第三次科技革命的基础上的深化和拓展。21 世纪的战争形态展现的是信息化战争、太空控制站，信息武器、太空武器是当今战争的关键武器。网络技术的飞速发展，复杂多变的信息使国家时刻处于"亚战争"状态。网络技术正在军事领域展现高技术战争的一种日益重要的作战形式，变幻莫测的网络战已成为新军事革命竞争的核心。

网络空间命运共同体构建中增强互联互通，坚持用技术创新引领网络空间发展,为全球网络空间发展提供了"硬支持"。习近平主席多次在国际场合恳切提出:"中国愿同各方一道,加大资金投入,加强技术支持,共同推动全球网络基础设施建设,让更多发展中国家和人民共享互联网带来的发展机遇。"❶ 我国在国内层面正在实施的"宽带中国"战略,预计到2020年基本覆盖所有行政村,打通网络基础设施的"最后一公里";在国际层面,中国主导的跨国基础设施建设项目如"一带一路"等极大地推动了全球信息网络的互联互通,将网络空间命运共同体构建的中国方案落地,通过实际行动、实际贡献、实际投入展现中国力量。

(二)"软支持":互联互通密切关注网络时代新"受众"

网络空间命运体构建中始终不能忽视网络空间中人的行为活动,要营造互联互通、共享共治的网络文化空间,密切关注网络时代新"受众",增强网络空间命运共同体构建"软支持"。"受众"是一个传播学的概念,最早出现在14世纪,主要指的是布道集会时的观众。随着传播学的发展,受众的含义在不断地发生着变化。网络空间技术的发展,打破了时空传播的交互性。受众的内涵由以接受信息为主,转变为以选择、接受讯息,并形成观点进行创新生产和传播为主。互联网技术下受众的面对面与早期传播学的面对面之间差别在于出现了网络媒介的桥梁,因此,网络空间时代新"受众"多呈现为主动性。在传统传播学理论中,"生产性受众"是约翰·费斯克提出的,它的理念是"传者编码,受者解码"。网络空间时代新"受众",不仅能够完成费斯克提出"生产性"内容,更可以进行原创性的内容生产。基于网络空间技术为核心的互动技术,激励网络受众在网络空间的主动表达和释放自我意识,这使得"解码"活动更加活跃,对同一信息每个人都有不同的解读,在网络空间中,受众还会基于此解读进行延伸、拓展和再创造。网络技术发展引领互联网时代新"受众",与此同

---

❶ 解读习近平提出的互联网发展四项原则和五点主张 [EB/OL]. (2015-12-17) [2020-06-13]. http://news.sohu.com/20151217/n431653033.shtml.

时，网络新受众又利用网络技术以及网络空间自身特性，互联互通激发网络文化内在潜力，推动网络空间文化发展。

互联互通网络技术引领网络时代新"受众"，发挥其主动性、能动性，科学把握网络空间中"蝴蝶效应"，顺应网络空间内在科学规律，增强网络空间软支持实力。网络技术促使网络空间开放性、及时性、扁平化结构，消解了"沉默的螺旋"效应❶，在网络空间内每一个受众都能充分发挥其自身力量。而网络舆论的"蝴蝶效应"❷和网络空间"嵌套式"传播理论❸，能够激发网络时代新受众的关注，产生爆炸式、裂变式的传播强度和速度，从而影响网络空间文化发展。

四、保障网络安全有序发展

制定网络安全的战略设计，是互联网时代下带来的一项急迫又艰巨的

---

❶　"沉默螺旋"一词最早出现在诺尔纽曼于1974年发表的《重归大众传播的强力观》论文中，最后，在1980年出版的《沉默的螺旋：舆论——我们的社会皮肤》一书中，对舆论形成过程进行了充分的阐释。"沉默螺旋理论"描述了这样一种传播学现象：作为大众传播的受众，在表达自己内心的观点时，会考虑周围的意见环境。当自己的观点得到其他广大受众的支持时，他就会积极地参与讨论，主动的表达自己的观点，并且会愉悦的散播自己的观点；如果发现自己的观点处于少数派，那么，即使他很赞同内心的观点，他也会选择沉默。这种优势意见与劣势意见的较量，使得优势意见越发的显示其优势地位，劣势意见逐渐的下滑，只能保持沉默。这样一种循环往复，使得优势意见变得越来越强大，劣势意见变得越来越沉默，形成一种螺旋式的发展过程。沉默的螺旋是一个政治学和大众传播学理论。该理论基本描述这样一个现象：人们在表达自己的想法和观点的时候，如果看到自己赞同的观点且受到广泛欢迎，就会积极参与进来，这类观点越大胆地发表和扩散；而发觉某一观点无人或很少有人理会，甚至有时会遇到群起而攻之的遭遇。那么，即使自己赞同它，也会保持沉默。意见乙方的沉默造成另一方意见的增势，如此循环往复，便形成一方的声音越来越强大，另一方越来越沉默下去的螺旋发展过程。

❷　网络舆论中的"蝴蝶效应"：是指在网络世界发布微内容之后，传媒竞争环境改变，把关人弱化，正式制度与非正式制度发挥不同效用的前提下引发连锁反应，达成舆论传播效果的倍增效应，实现社会动员的一种特殊现象。见党生翠. 网络舆论蝴蝶效应研究——从"微内容"到舆论风暴［M］. 北京：中国人民大学出版社，2013：8.

❸　著名的微博"嵌套性"传播理论是由学者喻国明提出，它是指在微博环境中，一个人的微博与其他微博套叠，一个人群的与其他人群的套叠，因此只要一条信息具有阶层、文化、兴趣、利益的穿透性，即激起大家的兴趣和关注，理论上可以在很短的时间内让全世界所有的人都知道这条消息。见党生翠. 网络舆论蝴蝶效应研究——从"微内容"到舆论风暴［M］. 北京：中国人民大学出版社，2013：29.

任务。世界需要一个安全稳定繁荣的网络空间。在这一背景下，构建网络空间命运共同体首先要解决的就是网络安全问题。网络命运共同体构建主张全球网络治理必须遵守"四项原则"和"五点主张"，其理论逻辑起点就是确立网络安全底线。俗话说得好，"皮之不存，毛将焉附"。网络空间命运共同体的基本单位是以每一个网络主权为边界的个体，如果不能保障网络个体的网络安全，那么组成网络空间命运共同体的基本单位是每一个以网络主权为边界的"命运个体"，如果不能够切实保障网络空间"命运个体"的网络安全，那么构建网络空间命运共同体就会成为的伪命题。习近平总书记多次提及网络安全，倡导共同维护的网络安全观，强调构建网络空间命运共同体，保障网络安全有序发展。

（一）构建网络空间命运共同体，注重顶层设计，树立面向总体国家安全的网络安全观

2014 年 2 月 27 日，习近平主持召开中央网络安全和信息化领导小组❶第一次会议强调："没有网络安全就没有国家安全，没有信息化就没有现代化"，习近平在该讲话中特别指出："网络安全和信息化对一个国家很多领域都是牵一发而动全身的，要认清我们面临的形势和任务，充分认识做好工作的重要性和紧迫性，因势而谋，应势而动，顺势而为。网络安全和信息化是一体之两翼、驱动之双轮，必须统一谋划、统一部署、统一推进、统一实施。做好网络安全和信息化工作，要处理好安全和发展的关系，做到协调一致、齐头并进，以安全保发展、以发展促安全，努力建久安之势、成长治之业。"❷网络安全如此重要，那么，什么是"网络安全"？是传统的"数据"安全、"系统"安全？ 还是网络的"运行"安全？或

---

❶ 2018 年 3 月，中共中央印发了《深化党和国家机构改革方案》。该方案称：为加强党中央对涉及党和国家事业全局的重大工作的集中统一领导，强化决策和统筹协调职责，将中央全面深化改革领导小组、中央网络安全和信息化领导小组、中央财经领导小组、中央外事工作领导小组分别改为中央全面深化改革委员会、中央网络安全和信息化委员会、中央财经委员会、中央外事工作委员会，负责相关领域重大工作的顶层设计、总体布局、统筹协调、整体推进、督促落实。

❷ 习近平的网络安全观［EB/OL］.（2016-06-26）［2020-06-13］. http://www.cac.gov.cn/2018-02/02/c_1122358894.htm.

者是更大范围、更高层次上的"安全"？这是一个需要认真思索的问题。网络安全概念及其相关理论知识，一直在学术领域频繁出现（见表9-1）。全面系统掌握网络安全的科学内涵，理解"网络安全"和"国家安全"的关系，更是一个国家发展的战略问题。

表9-1　学术领域"网络安全"相关概念词汇及词频（前20位）

序号	英文	中文	词频
1	network security	网络安全	2245
2	intrusion detection	入侵检测	463
3	security	安全	377
4	system	系统	169
5	network	网络	163
6	authentication	授权	159
7	intrusion detection system	入侵检测系统	148
8	wireless sensor network	无线传感网	133
9	computer network security	计算机网络安全	129
10	anomaly detection	异常检测	121
11	firewall	防火墙	121
12	cryptography	密码术	113
13	attack	攻击	107
14	ad hoc network	自组织网络	99
15	protocol	协议	98
16	model	模型	97
17	data mining	数据挖掘	96
18	algorithm	算法	82
19	internet	互联网	77
20	information security	信息安全	77

资料来源：王世伟，曹磊，罗天雨. 再论信息安全、网络安全、网络空间安全 [J]. 中国图书馆学报，2016（9）.

1. 网络安全

通过表9-1，不难看出，网络安全涉及的范围很广泛，只要涉及网络信息安全性的问题都属于网络安全所研究的范畴。学术界普遍认可的网络安全分类包括以下四类（见表9-2）。

表9-2 网络安全分类

类别	含义
运行系统安全	指信息处理与传输过程中的安全，也包括计算机系统与传输环境的法律保护，计算机结构设计的安全性及数据库系统的安全
系统信息安全	主要包括用户口令鉴别、用户权限控制以及数据存取的限制以及数据加密等问题
信息传输安全	指信息传播后果的安全，大致可以包括信息的过滤以及不良信息的过滤等
信息内容安全	指保护用户的信息安全、保护信息的完整性、机密性以及真实性，从本质上说是保护用户的隐私

网络安全的核心内容主要包括以下七个方面：意识形态安全、数据安全、技术安全、应用安全、渠道安全、关防安全，其中意识形态安全居于首位。如今，现实世界与虚拟世界安全相互影响，各种思想文化交融交锋愈加频繁，网络意识形态在国家整个意识形态中居于特殊地位。要时刻把握网络舆论阵地实情和斗争规律，维护好网络的意识形态安全。习近平总书记关于"三色地带"❶的划分对牢牢把握网络意识形态领导权、管理权及话语权，为打赢网络意识形态主动仗具有重要的指导意义。2017 年 12

---

❶ 习近平总书记在谈到网上舆论工作时，强调"三色地带"：红色地带，主要是主流媒体和网上正面力量构成的，这是我们的主阵地，一定要守住，决不能丢掉。黑色地带，主要是网上和社会上一些负面言论构成的，还包括各种敌对势力制造的舆论这不是主流，但其影响力不可低估。灰色地带，处于红色地带和黑色地带之间。对不同地带，要采取不同策略。对红色地带，要巩固和拓展，不断扩大其社会影响。对黑色地带，要勇于进入，钻进铁扇公主肚子里斗，逐步推动其转变颜色。对于灰色地带，要大规模开展工作，加快使其转化为红色地带，防止其向黑色地带蜕变. 见欧仕金. 网络强国守护神——网络安全保障［M］. 北京：知识产权出版社，2017：9.

月 8 日，习近平总书记在中央政治局第二次集体学习时指出，要推动实施
国家大数据战略，保障数据安全，加快建设数字中国。他强调，大数据是
信息化发展的新阶段，对于经济发展、社会治理、国家管理、人民生活，
都产生了重大影响。❶ 大数据技术的发展，带来了大数据时代的繁华，同
时使网络数据安全显得至关重要。数据无疑是企业和个人最重要的资产。
特别是对个人而言，它不仅是数字环境中的个人信息收集、使用、整理、
处理或共享，更关系到个人在数字世界中的存在，在互联网的急剧发展
下，数据安全和隐私边界等也愈加重要。数据安全问题研究一直是网络安
全中的重要研究方向。中国工程院院士沈昌祥，在采访中谈及"构建牢固
的主动免疫防护体系"时表示，我国当前大部分网络安全系统主要是由防
火墙、入侵监测和病毒查杀等组成，称为"老三样"。"封堵查杀"难以应
对利用逻辑缺陷的攻击。首先，"老三样"根据已发生过的特征库内容进行
比对查杀，面对层出不穷的新漏洞与攻击方法，这种消极被动应对是防不胜
防；其次，"老三样"属于超级用户，权限越规，违背了基本的安全原则；
再次，"老三样"可以被攻击者控制，成为网络攻击的平台。例如，"棱镜
门"就是利用世界著名防火墙收取情报，病毒库篡改后可以导致系统瘫痪。
因此，只有重建主动免疫可信体系才能有效抵御已知和未知的各种攻击。

2. 网络安全观

习近平总书记指出："网络安全对国家安全牵一发而动全身。"❷ 在
2018 年召开的全国网络安全和信息化工作会议上，习近平总书记再次论及
"正确的网络安全观"理念，并要求构建"关口前移，防患于未然"的网
络安全管理体系。目前，我国网络安全整体态势感知能力还比较薄弱，亟
待加强国家关键基础设施建设，实现全社会优势资源整合，依据规则实现
信息共享。网络安全跨越国内和国际领域，"正确的网络安全观"既要致

---

❶ 习近平：实施国家大数据战略加快建设数字中国 [EB/OL]. (2017-12-09) [2020-06-
13]. http://www.xinhuanet.com/2017-12/09/c_1122084706.htm.

❷ 人民日报新论：网络安全牵一发而动全身 [EB/OL]. (2016-06-01) [2020-06-13].
http://opinion.people.com.cn/n1/2016/0601/c1003-28400046.html.

力于提升国内政府的关键信息基础设施安全防护水平，也要积极开展双边、多边的国际网络空间合作。构建网络命运共同体这一顶层战略设计的提出，要求我们要树立正确的网络安全观。习近平总书记，关于正确网络安全观强调指出，它包括了主权观、国家观、发展观、法治观、人民观、国际观、辩证观七个方面。第一，网络安全的主权观。自从1648年威斯特伐利亚和会确立国家主权原则以来，坚持主权反对霸权主义就成为国家交往的底线。网络主权已经成为国家主权的重要组成部分，尊重网络主权是反对网络霸权的必然要求，是维护和平安全的中重要保证，是坚持开放合作的基本前提。第二，网络安全的国家观。正如习近平总书记强调，"网络安全对国家安全牵一发而动全身，同许多其他方面的安全都有着密切关系。"信息时代的国家安全观是立体多层次的，包含政治、经济、军事、文化、社会、科技、生态、资源等，而其中网络安全与各个方面层次的安全都存在着密切的关系。第三，网络安全的发展观。安全与发展如同车之双轮、鸟之双翼，缺一不可，非常形象地概括了网络安全与发展的辩证关系。网络既是"天使"，也是"恶魔"，一方面，互联网的出现为我们生活、工作带来很多好处，让生活更方便，让工作更有效率，甚至改变整个社会。另一方面，随着网络出现的是电信诈骗、黑色产业链盛行、恶意软件泛滥、黑客网络攻击等各种网络安全事件。强化网络安全的发展观，为国民经济和信息化建设打造一个安全、可信的网络环境。第四，网络安全的法治观。网络空间不是"法外之地"，"要坚持依法治网、依法办网、依法上网，让互联网在法治轨道上健康运行"。全面推进网络空间法治化建设，努力打造一个天朗气清、生态良好的网络环境，让网络空间成为亿万民众的精神家园。第五，网络安全的人民观。截至2018年6月，我国网民规模为8.02亿，其中网络购物用户达到5.69亿、网上外卖用户达到3.64亿、共享单车用户达到2.45亿、网约出租车用户达到3.46亿。❶ 这些数

---

❶ CNNIC发布第42次《中国互联网络发展状况统计报告》[EB/OL].（2018-08-20）[2020-06-13].http://www.cac.gov.cn/2018-08/20/c_1123296859.htm.

据展现了网络社会的基本状态，当前绝大多数的网络关键基础设施为民用设施，网络的终端延伸到千家万户的电脑上和亿万民众的手机上，网络的应用深入到人们的生命、身体和日常生活中。习总书记所指出的："网络安全为人民，网络安全靠人民，维护网络安全是全社会共同责任，需要政府、企业、社会组织、广大网民共同参与，共筑网络安全防线。"❶ 第六，网络安全的国际观。正如习近平总书记所指出的，网络安全是全球性挑战，没有哪个国家能够置身事外、独善其身，维护网络安全是国际社会的共同责任。❷ 第七，网络安全的辩证观。运用唯物辩证法看待网络安全，科学理解和把握网络安全整体性、动态性、开放性、相对性、共同性的特点，我们的网络安全工作就能始终抓住本质，解决实践问题，取得实效。

（二）构建网络空间命运共同体，推进重点目标建设，保障网络安全有序发展

构建网络空间命运共同体，树立正确全面的网络安全观，从战略角度提出了顶层设计。实践中，网络安全建设是涉及各个领域的复杂系统工程。不仅要求我们对网络安全建设整个工程有统筹安排，还要选择重点目标进行重点突破，以点带面，全方位保障网络安全有序发展。根据网络安全与不同领域的相关度、对国家整体发展和国计民生的作用力，将下面六个目标作为推进重点目标建设，促进构建网络空间命运共同体，保障网络安全有序发展。

第一，网络安全建设的首要目标是保障国家网络安全。网络信息化已经成为衡量国家综合实力的重要标志，网络安全又是网络信息化发展的保障，对国家现代化建设和国家总体实力提高有着重要作用。由此，保障国家网络安全是网络安全建设的基本内容和重要目标。第二，保障网络经济安全，促进资源优化配置，全面提升国家对经济发展的护航能力。截至

---

❶ 习近平. 树立正确的网络安全观 ［EB/OL］.（2016-04-20）［2020-06-13］. http://politics. people. com. cn/n1/2016/0420/c1001-28291543. html.

❷ 习近平. 保障网络安全 促进有序发展 ［EB/OL］.（2016-04-20）［2020-06-13］. https://dujia. cebnet. com. cn/20151216/101338992. html.

2020 年 3 月，我国网民规模为 9.04 亿，互联网普及率达 64.5%，网络购物用户规模达 7.10 亿，2019 年交易规模达 10.63 万亿元，同比增长 16.5%，庞大的网民构成了中国蓬勃发展的消费市场，互联网应用与群众生活结合日趋紧密，为数字经济安全打下了坚实的用户基础。❶ 网络经济安全得以保障，才能充分推动网络经济的持续发展，从而提高国家经济实力，提升护航能力。第三，保障网络政治安全，为国家政治安全筑牢"防火墙"。网络的发展给国家政治安全带来了严峻的考验，尤其在意识形态领域的斗争。截至 2020 年 3 月，我国在线政务服务用户规模达 6.94 亿，较 2018 年底增长 76.3%，占网民整体的 76.8%。疫情期间，国家及各地区一体化政务服务平台提供疫情信息服务，推行线上办理，协助推进精准防疫，应用成效越来越大，已经成为创新政府管理和优化政务服务的新渠道。❷ 政治安全又事关一个国家的生存与发展，为了避免互联网发展给国家政治安全带来的冲击，保障网络政治安全是其有效途径。第四，保障网络社会安全，增强国家对社会的有效控制力。伴随着网络空间的发展，电子商户、社交应用、网络娱乐、共享出行等数量持续增加，信息化发展改变着人们的生活方式和行为方式，网络社会安全是对建设信息化社会的有力支撑。第五，保障个人隐私权，强化网络主体意识，提升网络民主政治能力。网络空间的本质特点，为社会主义民主政治建设提供了时代机遇，丰富了民主形式。习近平总书记在网络安全和信息化工作座谈会上强调："网民来自老百姓，老百姓上了网，民意也就上了网。"❸ 这是互联网在新形势下对中国社会主义民主政治带来的积极作用，只有在网络安全建设中将个人隐私权作为重点目标进行保护，才能充分发挥互联网对民主政治的作用。第六，保障网络空间秩序，提升网络空间治理能力。网络空间并非

---

❶　第 45 次《中国互联网络发展状况统计报告》[EB/OL]．（2020-04-28）[2020-06-13]．http://www.cac.gov.cn/2020-04/27/c_1589535470378587.htm.

❷　同❶。

❸　习近平在网络安全和信息化工作座谈会上的讲话 [EB/OL]．（2016-04-19）[2020-06-13]．http://cpc.people.com.cn/n1/2016/0426/c64094-28303771.html.

法外之地，网络失范会使现实社会乱象丛生，对社会秩序的干扰和破坏更为隐形和有杀伤力。因此，网络安全建设中应将网络空间秩序确定为网络安全建设的重要目标。

五、维护网络空间公平正义

网络将人类社会带入全新的纪元，而如何建构与新社会背景相适应的网络治理体系和治理规则，是国际社会共同关注的时代课题。在 2015 年 12 月 16 日举办的第二届世界互联网大会开幕式上，习近平总书记提出了推进全球互联网治理体系变革的四项原则和构建网络空间命运共同体的五项主张，其中对于网络空间治理明确指出"构建互联网治理体系，促进公平正义"的主张。❶

（一）网络公平正义的理念和价值追求，是构建网络空间命运共同体的内在要求

公平正义是全世界人民共同追求的价值，也是学术界普遍关注、反复争论的话题。"公正"一词最早出现于古希腊文，其意为"表示置于直线上的东西"，之后被引申为表示真实的、公平的和正义的东西。公正、公平、正义常常被当作是同一个词，"公正"又常与"正义""公平"通用，表达一种人类合理性的价值追求。在中国，"公平"一词最早出于西汉刘向编定的管仲及管仲学派论述集《管子·形势解》："天公平而无私，故美恶莫不覆；地公平而无私，故小大莫不载。"体现了中国传统"天人合一"精神，随后发展成"公正而不偏袒"。中西方对公平正义价值追求的契合，也使其成为衡量文明社会的基本准则，对维护着政治统治的合法性及体现政治文明程度有着根本性作用。基于网络空间而存在的网络社会，与现实社会形成二元同构关系，均有着对公平正义的追求。

---

❶ 习近平在第二届世界互联网大会开幕式上的讲话（全文）［EB/OL］.（2015-12-16）［2020-06-13］. http://www.xinhuanet.com//politics/2015-12/16/c_1117481089.htm.

1. 网络正义的内涵

自古希腊的苏格拉底、柏拉图、亚里士多德至现代的约翰·罗尔斯（John Rawls）对正义内涵的不同阐析，使其作为人类社会根本价值理念而被广为接受。其中，罗尔斯的"正义论"❶，被普遍接受和认可。网络正义其本质是以现实社会正义作为根源而存在的，在以网络技术为基础的现代社会中的应用与发展。而网络正义具有双重性，一方面它对现实社会正义具有积极的影响。网络正义弥补了现实社会中民众无法参与热点事件的不足，维护了自身权益，帮助弱势群体，推进政府信息公开，等等。网络正义所做出的的道德榜样和道德示范，弘扬了正确的道德观念，有利于个体道德意识的形成。另一方面，网络正义对现实正义也有一定的消极影响。网络社会的匿名性，使得有些人的言行变得肆无忌惮，长此以往，一个人内心的自由与正义感就可能扭曲。如果缺乏对正义的正确认识，就会出现打着正义旗号的网络暴力，正义就变成了发泄的工具，就会扰乱现实社会正义。网络正义的追求，是网络空间治理中的重要问题，只有充分发挥其积极作用，避免其负面影响，才能真正地实现网络正义。

2. 网络治理能力现代化是网络公平的内在驱动力

众所周知，正义与公平有着更为紧密的关系，我们常常认为公平分配就是分配正义。如果在实践中，有部分人受到不公平待遇时，就会通过各种途径去表达自己公平的诉求。通过网络表达自己的对于公平诉求的现象日益增多，如果公平诉求得不到公平治理，或者对于部分人的诉求没有采取公平的程序进行治理，甚至忽略其诉求，那么就会激化社会发展的主要矛盾。因此，需要在公平正义原则下，追求网络公平治理，完善相对应的治理措施。比如，我们可以通过网络监督，对现实政治生活中的公共事

---

❶ 约翰·罗尔斯（John Rawls）提出公平正义是一个社会最根本的问题。他的正义原则可一分为二：第一，每个人都有权拥有与他人的自由并存的他人的自由，包括公民的各种政治权利、财产权利。第二，对社会和经济的不平等应作如下安排，即人们能合理地指望这种不平等对每个人有利，而且地位与官职对每个人开放。罗尔斯明确提出，正义就是主要的社会体制分配基本权利与义务和确定社会合作所产生的利益的分配方式。

务、公共机构、规章制度、公共政策、工作作风提出批评建议，对现实政治生活中各种丑恶、不公的事件予以揭露和抨击；通过网络宣传唱响主旋律、弘扬良好的公共道德风尚和价值取向，对不良政治倾向和社会噪声直抒胸臆；通过网络评判对现实政治生活中的各种事件进行价值评判，推进所涉事件和行为的相关人员和机构迅速地回应并予以矫正，从而提升社会政治生活的健康发展；通过网络互动可以与公共机构和公共人物进行直接、对等、快捷的虚拟对谈和相互沟通的形式，提升网络政治参与的有效性。网络政治参与提升了公民参与政治活动的兴趣，拓展了公民政治参与的空间，可以广泛征集民意、民情，凝聚社会共识，促进公共决策的科学性，及时纠正公共活动执行过程中出现的偏差，维护公共政治活动中的公平正义。实现网络虚拟社会的公平正义是一个长期、渐进的过程，它要同宏观经济社会运行与网络信息社会发展的阶段相适应。提升社会主义民主政治的建设水平和实现国家治理能力现代化，必须积极发展网络政治参与，既要运用公平正义的价值约束，努力弘扬平等、公正的社会主义核心价值观，使之成为网络政治参与的内在灵魂和行动向导，也要努力消除社会主义民主政治参与中不平等和不公正现象，以实践推进和创新的方式来优化网络政治参与，不断地维护和实现社会的公平正义。

3. 网络公平正义对解决网络空间治理问题具有现实指导

目前，全球网络空间治理机制仍处在摸索阶段，针对网络权力主体滥用网络权力问题、网民恶意参与网络社会活动等现实问题，要始终坚持以公平正义为价值追求。习近平总书记在十九大报告中也特别提到，进入新时代，人民的美好生活需要日益广泛，不仅对物质生活提出了更高要求，而且在公平正义等方面的要求也日益增长。文化素质的提高、公民意识的增强，人们对社会不公的认知和感受更强了。习近平总书记富有洞见地指出："无论处在什么发展水平上，制度都是社会公平正义的重要保证……要把促进公平正义、增进人民福祉作为一面镜子，审视我们各方面体制机制和政策规定，哪里有不符合促进社会公平正义的问题，哪里就需要改

革；哪个领域哪个环节问题突出，哪个领域哪个环节就是改革的重点。"❶
网络空间利用技术创新不断模拟并虚拟社会空间，正是在这样动态化的过
程中。网络公平正义以新的空间形态展现出来。首先，网络空间的扁平
性、开放性等特性，使得网络空间中心与边缘之分非常模糊。基于此，产
生的网络空间公平正义不再指向空间划分，也不会产生如种族隔离、城乡
差别甚至贫民区、富人区等不平衡结构。它所表现出来的是典型形态就是
"数字鸿沟"的出现。网络技术发展水平的差异，会使得技术先进国家凭
借技术攫取空间权力和资源，直接将部分人排斥在网络空间之外，无法享
受空间资源，带来的是技术性的空间断裂。其次，虚拟性使得网络空间具
有无限性。这不同于物质意义上的空间，比如一块耕地变成工业用地就自
然失去耕种功能；也不同于社会意义上的空间。由于网络虚拟空间具有无
限复制能力，使网络空间生产更简单容易，既可开辟属于自己的专属领
域，又可在网络空间中共享空间资源，这种平等共享人们只需要轻点鼠
标，就可以通过网站、微博、微信、网络论坛等形式，开辟出充满个性化
的空间形式。是网络空间正义的体现，但更多人会以自身兴趣爱好、立
场、价值取向等自由索取空间资源，造成资源分配差异性，因此，需要相
应理性规约保障网络空间有序发展。网络空间正义就是要体现公平、正
义，保障人们在网络上获得基本权益，使网络空间整体秩序和谐稳定，一
旦失去理性规约，网络空间将失去正义意义。网络空间正义既要有理性个
体基础，又要符合整体秩序，是建立在差异化基础上的有机统一。因此，
不能简单将网络空间正义理解为平均主义或自由主义，需要将网络空间与
社会正义相结合，这是社会正义属性在网络空间新转向，是现实社会空间
形态转化为虚拟网络空间的拓展与延续。

---

❶ 习近平论述全面深化改革（八）：改革创新社会体制，促进公平正义，增进人民福
祉 ［EB/OL］. （2014-08-12）［2020-06-13］. http://cpc. people. com. cn/n/2014/0812/c164113-
25448723. html.

（二）构建网络空间命运共同体，从理念到制度双重并举，切实维护网络空间公平正义

一方面，从理念层面来讲。网络空间命运共同体提出从理论层面强调网络空间公平正义要树立正确理念，要加强对网络空间非理性思引起的非正义行为进行整治。特别是要预防负能量效应❶在网络空间当中的作用，如果网民自觉性不足，理性又被放纵代替，网络空间的公平正义将难以实现。网络空间充斥着高速流动斑驳杂乱的各种信息，高度自由开放性使每位网民都可成为信息发布者或传播者，这些海量信息都隐藏着资本、权力和欲望对网民思想行为的控制，体现出网络信息掌控者对个体网民非正义手段的控制和有目的引导。网络信息多元化高度自由流动，尤其是碎片化信息传播，这就带来了风险性。如果被一些别有用心者恶意进行包装，而不知真相者看到后以为是主流价值，那么就会对这种虚假正义进行评论，这就进入了操作者的圈套，对事实本身带来了伤害。混淆视听的泡沫信息会给网民的价值观带来不良导向，使其缺失正确的理性判断，从而做出错误的价值选择，那么网络空间的公平正义将难以实现。

另一方面，制定完善的网络空间制度，是网络空间公平正义得以存在的重要保证。网络空间并非法外之地，它也并非纯技术性开放空间，自由和开放也要遵守秩序。网络空间生态的生存发展需要制度化规制，加强完善网络治理，有利于抑制网络犯罪和各种维护网络安全。同时，这种治理

---

❶　根据网络空间信息传播的机制，负能量效应主要有以下四种：一是"光电效应"，它是信息从实体空间向网络空间映射的基本形式。现实事件随时产生、随时上网传播，一个个可能引发网络舆论事件的"光子"在网络空间比比皆是，一些事件触发网络空间舆论波动，形成网络传播流，这种转变过程即光电效应。二是"晕轮效应"，它是网络空间信息受众接受信息的基本模式，在网络空间中，受众对于任何网上传播的信息都难以做到一清二楚，他们大多数会采信关系近的、印象好的人的言论，或是大众言论，从而导致网络"晕轮效应"十分普遍。三是"化合效应"，它是网络空间传播信息的变异机制。网络空间信息传播不是稳定的单向传播，而是充满不确定性的互动传播，其中有的是保持原来的内容扩大式传播，有则是自我附加信息淹没原本信息内容的变异式传播，出现传播转向的"化合效应"。四是"钟摆效应"，它是网络空间信息扩散的影响效应。网络空间权威机构网站、社会名流微博、意见领袖言论等既是信息传播的风向标，也是信息传播速度和扩散范围的控制器。见欧仕金. 网络强国守护神——网络安全保障［M］. 北京：知识产权出版社，2017：12-13.

有利于完善网络空间准入规则，对地址、账号、域名等起到有效监管作用，也能有效保护网络主体合法权益，规范网络信息和服务内容，保障网络空间正义的实现。完善网络治理机制，借助网络科技手段，以大数据、云计算等等加强对网络信息监督、对网络舆情侦查检测，同时依据法律，在其范围内进行严格把关、监管。只有这样，才能够促进建立有效的网络道德规范，对网民进行有效引导，从而不断强化网民网络道德意识、情感、信念，促使网民自觉养成良好的道德行为。完善网络空间制度还需借助网络科技手段，以大数据、云计算等加强对网络信息、舆情的侦查监测，在法律范围内严格把关，全方位监管，实现对网络信息排查、处置和有效掌控。实现网络空间公平正义，离不开网络个体的支持，只有让要个体行动充分享有网络空间权益，体现个体在网络空间行动自由，同时又要依据个体参与能力的差别性，坚持机会平等与差别性相结合的原则自由广泛参与网络空间交往实践，成为理性个体始终秉承正义理念和行为，最终实现空间正义的价值诉求。

第十章
构建网络新生态实践路径

目前，由中国倡导的世界互联网大会已经成为中国与世界互联互通的国际平台、国际互联网共享共治的中国平台。2018 年 11 月 7 日至 9 日，以 "创造互信共治的数字世界——携手共建网络空间命运共同体" 为主题的第五届世界互联网大会将在这里举办。在世界互联网会场，中国向世界发出倡议，提出推进全球互联网治理体系变革的中国方案，受到全世界范围内的高度评价和广泛赞誉。"互联网发展是无国界、无边界的，利用好、发展好、治理好互联网必须深化网络空间国际合作，携手构建网络空间命运共同体。" 为构建网络新生态，从理论层面上，网络空间命运共同体理论的提出，贡献 "中国方案"；从实践层面上，结合技术、文化、安全、法治、国际合作等多维度探索现实路径，积极推进构建网络新生态。

一、坚持网络技术创新，加速科技强网

第五届世界互联网大会（2018 年 11 月 7 日至 9 日在浙江乌镇举行）发表的《世界互联网发展报告 2018》蓝皮书集中展现今年以来全球互联网领域的新技术、新应用和新发展，勾画全球互联网未来发展的美好愿景。报告指出，当前全球正处于新一轮科技革命和产业革命突破爆发的交汇期，以互联网为代表的信息技术，与人类的生产生活深度融合，成为引领创新和驱动转型的先导力量，正加速重构全球经济新版图。世界各国加

速新兴技术研发，积极抢占技术竞争的制高点，持续释放数字经济红利，不断增强网络安全防护能力。互联网技术不断发展的历程，体现了它对人类社会发展的促进作用。尤其是当 HTML（超文本标记语言）、HTTP（超文本传输协议）等互联网技术出现，统一了网络信息的格式化描述、存储定位和访问方法，实现了全球资源共享；当动态网页、P2P 下载等可交互式自媒体技术出现，将单向、静态的传统共享模式变为生动的双向信息交流；当移动互联网、物联网为代表的新兴网络连接技术出现，极大地扩展了互联网的覆盖范围，同时颠覆了许多传统行业，也催生了许多信息产业。众所周知，创新是民族进步的灵魂，国家兴旺发达的动力源泉。网络技术创新将伴随着网络空间的动态发展而发展，它不是简单的网络技术本身更新、升级、换代，而是以创新思维和互联网思维为支撑点，将技术创新在网络空间由封闭变为开源，从理论基础到实际运用，使网络技术创新实现跨越式发展，从而更好地实现科技强网，推进网络强国战略。

党的十九大报告《决胜全面建成小康社会夺取新时代中国特色社会主义伟大胜利》明确指出，"加强应用基础研究，拓展实施国家重大科技项目，突出关键性技术、前沿引领技术、现代工程技术、颠覆性技术创新，为建设科技强国、质量强国、航天强国、网络强国、交通强国、数字中国、智慧社会提供有力支撑"。这段话凸显了技术的重要性，科技强网是网络建设的发展思路，无论是"网络强国""数字中国""智慧社会"都离不开网络技术创新。坚持网络技术创新已然成为强网强国的关键点，尤其体现在网络基础设施建设和核心技术两个方面。

（一）走向新一代高标准高技术的网络基础设施，为科技强网奠定坚实的基础

网络基础设施建设是共同构建网络空间命运共同体的物质基础条件，是网络强国战略的重中之重，也是国家基础建设的子系统，是重要的构成部分。网络基础设施是指为社会生产和居民生活提供公共服务的网络工程设施或虚假的系统及资质，是保证国家或地区社会经济互动政策进行的公共信息服务体系。网络基础设施最主要体现在它是国际互联网的硬件基

础，2015 年 12 月，第二届世界互联网大会上，习近平总书记作了重要讲话，其中就共同构建网络空间命运共同体提出了五点主张，而排在首位的就是加快网络基础设施建设。❶ 网络空间发展的快车道，需要网络基础设施铺路，而关键的网络基础设施是互联网发展的核心，因此关键网络基础设施的研发和建设就成为科技强网的重要环节。

互联网基础建设不断优化升级，互联网的核心协议是 IP 协议。第一代互联网 IPv4 技术，最早由美国在 1969 年进行研究，美国依靠对 IPv4 技术的垄断，开发了从光纤、路由器、操作系统等一系列互联网衍生产品领域，几乎全世界的网络都要向美国支付费用，美国得到了近 70% 的地址资源。今天，无论是从计算机本身的发展还是网络空间传输速率角度，IPv4 已经不能满足人们的需求。IPv6 是在 IPv4 的基础上改进的，它具有无限地址空间、较高的安全性、高性能和高服务质量、可扩展性、移动便捷等特征，形成新一代网络协议，给网络基础设施建设带来了机遇，只有牢牢抓住网络技术创新，扎实做好新一代高标准高技术的网络基础设施建设，走好新一代互联网发展战略的起步工程。根据我国工业和信息化部贯彻《国务院关于积极推进"互联网+"行动的指导意见》的指导意见，未来我国网络基础建设的主要工作定位在"两个重点"和"两个支撑"。"两个重点"是推动支持"互联网+"的协同制造和"互联网+"小微企业创业创新的融合发展；"两个支撑"一是指推动全社会"互联网+"的基础设施建设，使信息网络基础设施建设能够满足全社会"互联网+"的需要，二是大力发展"互联网+"的器件、软件、芯片等，同样要满足"互联网+"的需求，才能使"互联网+"更好地为全社会提供高速的宽带基础设施和软硬件产品应用的服务支撑。尤其是 2011 年以来，伴随着综合国力的日益增强，中国一直在加大对网络基础设施的投入和网络技术创新（见图 10-1）。

---

❶ 习近平就共同构建网络空间命运共同体提出 5 点主张［EB/OL］.（2015-12-26）［2020-06-13］. http://www.xinhuanet.com/world/2015-12/16/c_128536396.htm.

单位：块/32

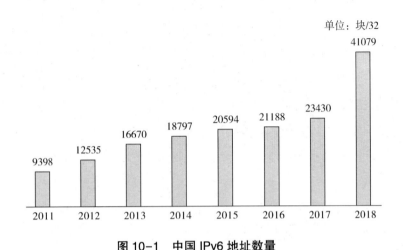

图 10-1　中国 IPv6 地址数量

数据来源：CNNIC 中国互联网络发展状况统计调查（2018 年 12 月）。

　　加快网络基础设施建设，一是要从战略角度整体布局，向下一代互联网发展演进。一方面要将体系构建布局超前，对于宽带基础设施、物联网、IPv6、移动技术、GPS 等领域要有超前意识，提前规划布局，从而积极推动 5G 和超宽带技术研究，早日实现 5G 的市场应用。另一方面以创新思维引领技术改进，完善新一代网络基础设施，缩小"数字鸿沟"强化共建共享。比如，加快公众主干网、互联网数据中心、提升网络设备性能，加快公众移动、有线、无线宽带入网规模建设，促进 IPv6 升级改造，营造可信的网络世界。二是要从现状出发，以问题为导向促进网络基础设施优化升级，加强基础建设。针对互联网资源分配、区域发展不平衡问题，不仅需要与优化升级互联网架构，优化国家频谱资源配置，加快空间互联网部署，还需要加快信息网新技术开发应用，深入普及高速无线宽带。针对网络运行质量差问题，就需要完善优化互联网架构及接入技术，构建现代化通信骨干网络，提升高速传送、灵活调度和智能适配能力。三是要深入关键网络基础设施研发和建设。关键网络基础设施的创新研发已成为各国在网络空间领域竞争博弈的主要战场。一方面，要提高对关键网络基础设施研发的重视；另一方面，要加大对关键网络基础设施研发的投入，不仅包括财力、物力等投入，更重要的是对创新人才的培育和投入。以技术创新为切入点，加快网络基础设施建设，从而使网络基础设施建设成为科技强网奠定坚实的基础。

（二）培育核心技术自主创新能力，是科技强网源源不断地力量源泉

网络空间创新的核心是技术创新，虽然我国网络技术创新能力显著提高，取得了举世瞩目的成就，但是我国特别是网络关键核心技术自主创新能力同国际先进水平相比还有很大差距。核心技术是市场换不来、有钱也买不来的，必须要靠自己研发、自己发展。要实现网络信息核心技术的自主创新，就要求我们不断在网络信息技术领域取得新的突破，掌握主动权和主导权，为科技强网源源不断地提供力量源泉，为我国国际竞争力的增强提供锋芒利器。

一是加快培育核心技术自主创新能力，不断探索建立自主可控的网络空间技术体系。习近平总书记多次强调核心技术要从三个方面来把握："一是基础技术、通用技术。二是非对称技术、'杀手锏'技术。三是前沿技术、颠覆性技术。"❶ 我们要始终以自主创新能力为切入点，引领构建先进、自主可控的网络空间技术体系。《国家信息化发展战略纲要》提出，制定国家信息领域核心技术设备发展战略纲要，以体系化思维弥补单点弱势，积极争取并巩固新一代移动通信、下一代互联网等领域全球领先地位。着力构筑移动互联网、云计算、大数据、物联网等领域比较优势。提出了建设网络强国"三步走"目标。第一步，到 2020 年，固定宽带家庭普及率达到中等发达国家水平，核心关键技术部分领域达到国际先进水平，信息产业国际竞争力大幅提升，信息化成为驱动现代化建设的先导力量；第二步，到 2025 年，建成国际领先的移动通信网络，根本改变核心关键技术受制于人的局面，实现技术先进性、产业发达、应用领先、网络安

---

❶ 习近平：科技创新、制度创新要两个轮子一起转［EB/OL］.（2019-02-01）［2020-06-13］. http://cpc.people.com.cn/xuexi/n1/2019/0201/c385476-30605179.html.

全坚不可摧的战略目标。建成四大国际信息通道，连接太平洋、中东欧、西非北非、东南亚、中亚、印巴缅俄等国家和地区，涌现一批具有强大国际竞争力的大型跨国网信企业；第三步，到21世纪中叶，信息化全面支撑富强民主文明和谐的社会主义现代化国家建设，网络强国地位日益巩固，在引领全球信息化发展方面有更大作为。❶

因此，我们要建立多层次的技术创新体系，将自主创新能力的培养关注于多角度多层次，从而促使各类科技创新主体紧密联系和有效互动的技术创新体系。首先，要充分发挥政府主导作用，在引领核心技术自主创新道路上，国家要加大对自主创新能力培育的投入力度。科学制定科技发展规划，集中国家优势资源发挥体制优势组织科技攻关。其次，要积极激励和引导企业发挥主体导向作用。我国在核心自主技术上与国际先进水平差距，一个重要的原因是中国的骨干企业缺少像微软、谷歌、苹果那样的核心创新企业，协同创新攻关，推动技术发展。在核心技术研发上，我们既要鼓励企业自主创新，也要坚持改革开放。一方面，可以开展创新型企业的试点，国家加大力度，吸引海外高层次创新人才回国创办创新企业，促进形成一批具有鲜明特色的创新企业群；另一方面，要积极创造各类企业公平竞争的制度环境，重视和发挥民营科技企业在自主创新技术产业中的生力军作用。最后，强化科技成果转化为应用机制。在网络空间体系构建中，离不开核心技术研发，要加强社会各领域各方面科学研究和技术创新的系统合作，将技术研发的目标始终定位为应用，将其转化为市场产品、技术实力、产业实力，使得科技研发带来经济社会效益，从而促进科技研发队伍的快速发展，更好地服务于网络空间技术体系的构建与完善。

二是积极参与世界网络技术标准的制定，更好地引领技术创新。当前，全球通用的互联网技术标准是美国制定的，体现的是美国网络治理的理念。以美国为主的西方发达国家牢牢掌握着互联网的管理权。互联网协

---

❶ 《国家信息化发展战略纲要》：以信息化驱动现代化，加快建设网络强国步伐［EB/OL］.(2016-07-28)［2016-08-10］. http://news.xinhuanet.com/politics/2016-07/28/c_129183990.htm.

会虽然偏重具体技术问题，并对外宣称其组织成员不代表任何国家利益，但其技术成员大多来自发到国家，其技术解决方案基本倾向于维护发达国家的利益。❶ 我们要深刻掌握网络技术标准的内涵，全面理解参与网络技术标准制定的重要意义。众所周知，谁掌握了技术标准，谁就掌握网络空间技术"游戏规则"的制定权，也就掌握了该行业的主导权，从而能够获得更大的市场控制权。在积极探索参与世界网络技术标准制定的有效途径中，不仅要在战略角度宏观探索，还要在实践发展中进行可行性探索。一方面，国家要从顶层设计角度制定标准化战略规划。在制定战略规划时，要分析相关国际标准，与我国国内较先进的技术标准进行对比，吸收精华，进行修订实现融合；要建立自己的技术壁垒体系，从而提升自主创新技术的竞争力；积极参与国际技术标准化活动，掌握国际技术标准动向，把握国际技术标准发展方向。另一方面，要从市场支撑角度去结合实践，构建拥有自主产权的技术标准。目前，我国在网络空间中体现的是大国地位，拥有巨大的网络市场，结合市场需求将会直接影响有关国际技术标准的制定，这样是我国网络技术标准发展优于他国的重要条件，我们要充分利用这一优势，在我们自主创新技术产业中建立起以自主知识产权为基础的标准群，进而影响世界网络技术标准的制定和发展。

二、坚守网络思想阵地，加强文化建网

网络空间与现实社会紧密相连，虽然网络空间具有虚拟性，但它是一个多元、多向的文化沟通渠道，是人类共同的精神家园，它所提供的平等、开放等互动的信息传输过程，不仅仅是共享人类文化成果，还在交流中融合、创造和繁荣人类文化。人们可以在网络上接触到世界范围内各种文化与思想，但由于互联网90%以上的信息是英文信息，网络技术源于西方，这使得西方发达国家的信息资源能够迅速流通，在客观上具有极强的话语权，使得

---

❶ 申琰. 互联网与国际关系［M］. 北京：人民出版社，2012：6-7.

网民容易受到西方文化和价值观念的入侵与制约，进而使得网络空间正面临着日益严重的西方文化霸权的危险，非西方国家的文化有不断被边缘的危险。同样，我国也面临着西方文化、价值观对我国传统文化的渗透。党的十九大报告中强调指出："加强互联网内容建设，建立网络综合治理体系，营造清朗的网络空间。落实意识形态工作责任制，加强阵地建设和管理，注意区分政治原则、思想认识问题、学术观点问题，旗帜鲜明反对和抵制各种错误观点"。在充分尊重网络交流思想、表达意愿的权利同时，坚守住思想和意识形态阵地，是加强文化建网，构建网络新生态的重要路径。

（一）准确把握意识形态与网络文化的关系，坚守网络思想阵地

网络空间中，网络文化与意识形态之间彼此影响，相互制约，展现出的是动态促进关系。网络空间意识形态不是现实社会意识形态的简单移植和完整再现。比如在价值互动转化过程中，传统意识形态相对稳定、核心价值唯一，而网络意识形态由于价值互动多变、不稳定，打破了意识形态稳定的三角形，转变为不稳定的四边形或五边形的网络意识形态，如图10-2、图10-3所示。

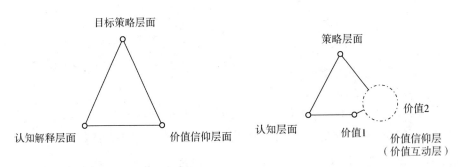

图10-2　传统意识形态三维结构示意图　　图10-3　网络意识形态结构变化示意图

一方面，网络文化对意识形态具有能动性。首先，网络文化是意识形态传播的重要形式。网络意识形态与网络文化都具有共享性，主要表现在信息共享、知识共享、意义共享和精神共享。其次，网络空间已经成为世

界各国争先恐后抢夺的制高点，都希望能够通过网络空间，来表达自己的意识形态，宣传自己的文化，所以在面对各种各样的网络文化时，都会进行选择和甄选。

另一方面，意识形态对网络文化的作用体现在引导力和控制力上。网络文化也是人类的一种实践活动，只不过这种实践活动是因互联网的诞生而出现的新的实践方式，常被人们称为"虚拟实践"。虚拟实践是指人们运用计算机、网络技术和虚拟现实技术等现代信息技术手段，在赛博空间或电脑空间有目的、有意识地进行的一切能动地改造和探索虚拟客体的客观物质活动。[1] 网络与报刊、广播和电视等媒体相比，的确难以制约，特别是每天有海量的信息，但并不是说网络空间就是失控无序的。统治阶级会基于意识形态引导和制约对网络文化的内容、传播等进行引导和控制，通过立法、检查、监督等途径，强化对网络文化创造和传播的约束。

（二）多维度培育以社会主义核心价值观为主流意识形态的网络文化

伴随着我国在网络空间开放的领域与程度的不断广泛与深入，西方各种文化思潮也借助网络平台纷至沓来，西方网络文化思潮对我国意识形态安全构成了严重威胁。它们在网络空间中披上形形色色的外衣，不断冲击着我国的主流意识形态。由此可见，多元的网络文化中有我们需要的"营养"，同样也有危害我国意识形态安全的"细菌"和"病毒"，我们必须积极应对，不断探索、改革，多维度培育以社会主义核心价值观为主流意识形态的网络文化，从而扩大主流意识形态的认同基础，提升主流意识形态的说服力，增强网络意识形态的吸引力。

一是不断扎实推进理论创新，为巩固主流意识形态奠定基础。在网络空间中内容观念交融复杂、真伪难辨，我们要始终抓住推进理论创新这一核心举措。一方面，推进理论创新，要巩固主流意识形态，需要理论工作者不忘初心，认真学习研读马克思主义著作，坚持马克思主义意识形态的

---

[1] 伍佳丽. "虚拟实践"的特征即哲学思考［J］. 山东商业职业技术学院学报, 2004（12）: 34.

主导地位，正确处理马克思主义与多元文化的关系。互联网时代，网络文化的多元性是不可避免和消除的，马克思作为一种开放的思想体系，允许多元文化的存在，但在发展多元文化时要始终坚持马克思主义的指导地位不动摇。另一方面，马克思主义本身就是需要不断完善的科学体系，需要在实践中与时俱进，进而实现主流意识形态的理论创新。

二是坚持以社会主义核心价值观为切入点，不断深化改革，扩大网络主流意识形态的影响力。无论是现实社会还是网络空间，我们必须认识到意识形态安全是建立在经济富强、政治民主、文化繁荣、社会和谐和生态可持续发展上的。坚持培育社会主义核心价值观，在网络空间形成以社会主义核心价值观为主流的网络文化，进而促进网络空间意识形态安全构建，强化文化建网。筑牢经济基础，在"富强"上加大建设，是维护我国网络意识形态安全的根本基础性工作。习近平总书记多次强调："经济建设是党的中心工作，意识形态工作时党的一项极端重要的工作"。筑牢政治基础，注重"民主"，是维护我国网络意识形态的核心基础性工作。在新的历史时期，维护我国网络意识形态坚实，必须注重党的建设，真正做到"打铁还需自身硬"，才能真正做到政治牢固。

三是加快建设创新网络文化传播方式，增强网络主流意识形态的吸引力。首先是要加快宣传马克思主义意识形态的网络平台。面对网络霸权和多元文化的冲击，我们需要建立高质量的国内版和国外版的马克思主义意识形态宣传网站，以此来诠释马克思主义、毛泽东思想、邓小平理论等，全面解读习近平新时代中国特色社会主义思想，深刻阐明中国特色社会主义理论体系，从而增强理论魅力、澄清思想。其次要积极搭建畅通民声民意的网络平台。畅通民声民意渠道，是增强主流意识形态吸引力最为直接有效的方式。它有助于推进团体与个人的对话，提升政府的透明度和公信力，在互动中发挥主流意识的引领功能。最后不仅要注重充分发挥新媒体的作用，还要创新主流意识形态语言表达方式。创新主流意识形态表达方式，用受众最熟悉的方式表达，使其更为具有外在亲和力，进而增强其吸引力。

三、注重网络安全建设，保障实力护网

网络空间作为继陆、海、空、天之后的第五空间，网络安全是事关国家安危的全球性重大战略问题。加强网络安全建设已经成为网络空间共同命运体构建的重要环节。我国当前网络安全建设面临问题较多，网络安全与网络强国建设任重道远，民众强烈呼唤加强网络安全建设。尤其是近年来，习近平总书记关于网络安全问题的系列讲话精神，为网络安全建设提供了重要的思想保证。在深入贯彻习近平总书记关于网络安全的重要讲话精神，积极应对严峻复杂的网络安全新形势，我们在实践中出台了相关的文件，如 2017 年 11 月 14 日印发实施的《公共互联网网络安全突发事件应急预案》和 2018 年 1 月 1 日实施的《公共互联网网络安全威胁检测与处置办法》，应急预案明确了公共互联网网络安全应急管理的组织体系与职责，规定了网络安全突发事件与预警的等级标准，对网络安全突发事件与预警的监测提出了要求，对预警发布、响应与解除作出了明确规定；对应急处置中的响应启动、事态跟踪、决策部署、响应结束等环节进行了详细说明；重视事后总结与预防，对调查评估、奖惩问责、预防保护、应急演练、宣传培训、手段建设工具配备等工作进行了指引，体现了"预防大于应急"的思想。《公共互联网网络安全威胁检测与处置办法》则明确了公共互联网网络安全威胁的定义，明确了开展公共互联网网络安全威胁监测与处置工作的各单位的职责，规定了对网络安全威胁可采取的一系列处置措施与验证手段，可操作性强，为信息通信行业抵御风险、排除威胁提供了指导。❶

（一）以系统性能力导向积极探求网络安全防护体系建设方法

网络安全能力不能适配并保障网络强国的战略目标实现，是网络空间

---

❶　工业和信息化部关于印发《公共互联网网络安全威胁监测与处置办法》的通知［EB/OL］.（2017-09-14）［2020-06-13］. http://www.cac.gov.cn/2017-09/14/c_1121660498.htm.

命运共同体构建中需要直面的现实问题与挑战。网络安全防护是一个系统工程，不是简单的技术配置、策略保证、法规保障就能构建出一个综合的网络安全防护体系。在构建网络安全保护体系时，一方面要以系统性能力导向从顶层进行规划建设防护体系；另一方面要从系统安全、数据安全、边界安全、内网安全等多角度全方位构建网络安全防护体系。

一是以系统性能力导向建设模式引导网络安全防护体系建设。借鉴国外网络安全建设模式，从欧洲网络安全建设模式看，能力建设是欧洲网络安全主管部门常抓不懈的内容，主要表现在提升关键行业的网络安全水平，加大网络安全资金投入。如 2015 年 3 月，德国政府宣布将在 2015—2020 年投入 1.8 亿欧元，开启新的 IT 安全研究项目"安全自主的数字世界"；同年 8 月，英国政府推出了一项耗资 6.5 亿英镑的"网络安全战略"，意在整体提升国家网络安全水平，为公司和个人的网络安全信息数据构筑一道安全屏障。❶ 从美国网络安全建设模式看，早在 2001 年时，在美国国防部发布的《四年防务评估报告》中也提出了要将基于威胁的规划模式转为基于能力的规划模式，并指出要尝试罗列各种可能的网络空间威胁并设计零散防御措施进行被动应对的传统式威胁导向建设模式，演化为全面建设必要的网络安全防御能力并将其有机结合形成网络空间安全综合防御体系的能力导向建设模式。❷ 众所周知，对抗是网络安全本质，而攻防两端能力较量又是对抗的本质。从发达国家网络信息安全建设规划发展的经验来看，系统性能力导向建设对网络安全防护体系建设起着重要的作用。系统性能力建设不是简单的加大资金投入，还需要能力建设导向。一方面在网络安全投入中，无论是关键基础设施提供，还是从架构安全、纵深防护等能力建设中，都要加强"敌情想定"，通过深入分析对手，按照应对敌情的高线为标准进行安全能力建设。另一方面，新兴智慧建设中，无论在广度还是深度层面，都要系统综合考虑网络安全问题，在经济发展

---

❶ 张明. 欧洲网络安全建设的新特点，国际研究参考，2016（2）：28.
❷ 肖新光. 以全面能力建设导向带动网络安全需求解放［J］. 网络空间战略论坛，2018（10）：34.

中，实现网络安全能力的深度结合与全面覆盖。

二是全方位多层次科学构建网络安全防护体系。首先，构建网络安全管理体制。网络安全防护体系构建关系到国家网络安全大事，网络安全管理体制的核心功能就是在网络安全防护中把握方向、统筹规划、协调各方最终对网络空间进行整体防护。具体落实到实践中可以体现在根据网络安全防护的任务和职责设置各级网络安全管理机构，进行合理分工、协调合作，促进网络安全防护体系平稳高效运转。其次，构建综合网络安全防护体系。加大核心技术自主创新能力，对于系统安全，尽量采用具有自主知识产权或者源代码开放的操作系统；对于数据安全，尽量采用安全的数据库系统，严格划分用户权限，运用先进的加密技术对密级较高的局域网系统进行加密，提高数据安全性；对于内网安全，主要涉及网络访问控制、用户身份验证、网络数据监测等内容。最后，强化构建网络安全防护体系的力量。一方面，要扩大网络安全体系力量建设途径；另一方面，要保障网络人才安全，健全保障机制。网络人才安全的核心是"留人"，避免出现网络人才赤字。可以通过建立网络人才安全预警机制，动态跟踪分析，将网络人才安全威胁扼杀于萌芽之中；健全网络人才安全保障机制，针对网络人才安全形势做出及时调整，确保各种机制共同作用，保障网络人才安全。这样才能为网络安全防护增强力量构成，形成合力，促进网络安全体系建设。

（二）加强军事力量运用，时刻做好网络军事斗争准备，实力护网保障网络空间安全

网络安全是新型安全领域的重要组成部分，也是一个新型的战略领域。党的十九大报告中强调指出，"统筹推进传统安全领域和新型安全领域军事斗争准备，发展新型作战力量和保障力量，开展实战化军事训练，加强军事力量运用，加快军事智能化发展，提高基于网络信息体系的联合作战能力、全域作战能力，有效塑造态势、管控危机、遏制战争、打赢战争"。各个历史阶段每一个战争空间的出现都会产生相对应的斗争准备，网络空间是新兴的第五作战领域，带给军事斗争"新型安全领域""新型

作战力量""军事智能化""网络信息体系"等新的关键词。当今网络空间已经涉及各个方面，尤其是对于网络安全，需要充分发挥军政、军民及市场的力量来维护网络安全，充分发挥军事力量的运用，起到网络安全作战尖兵的作用。

一是以创新制网权理论为切入点，研究网络空间攻防战法。网络安全是新型安全领域的重要组成部分，也是一个新型的战略领域。当今世界的制网权，与19世纪掌握制海权、20世纪掌握制空权一样具有重大的意义，关系到国家安全和社会稳定。站在网络空间的高度，围绕制网权进行对抗，也是网络空间军事斗争的重中之重。确立合理的战略原则和科学的举措，推动制网权的有效展开。一方面，始终坚持制网权的战略原则。在"软""硬"兼顾的基础上，更加注重以"软"制网。这里的"软"指的主要是软件研制、更新升级、投入应用，它相比硬件基础建设的规模性、稳定性更加具有灵活性、快速性。在针对网内网外对抗的问题上，要坚持以"网"制"网"。就是应用综合使用网络空间内部和外部的多种手段争夺制网权，网外对抗的重点是确保网络空间的物理存在和有关政策法规、技术标准的制定和推行；网内对抗的重点是通过对网络空间内部各种资源的开发利用和武器化运用，实现对网络空间内部的控制，实践证明从网络空间内部争端制网权更加直接、有效和便利。❶另一方面，全面探索制网权的战略举措。从网络对抗角度看，无论是进攻还是防御，制网权可以基于入网、瘫网、控网三种形式的进攻和防御来实现。对此，在探索制网权的战略举措要对网络空间进行公共部分和专有部分进行区别，在公共部分可以通过军事外交、军事合作在合作机制框架下实现优势；在专有部分则应从战略政策、理论研究、人才培养等方面，加强对网络空间对抗的综合能力建设。

二是积极构建未来智能化战争的网络架构，维护网络安全。几年来，

---

❶ 李建军、周大伟. 网络空间特点及其对网络空间安全建设的启示［J］. 密码与信息安全学报，2016，28（2）：62.

随着智能化的迅速发展，打赢信息化、智能化战争的关键就是构建网络信息体系，着力提升联合作战、区域作战两大能力。一方面，我们要积极推动空间感知能力建设和应用，注重绘制网络空间地图。从多方位多方式绘制网络空间地图，从而实现网络空间信息定位、挖掘及呈现其可视化；从目标精准描述角度绘制网络空间地图，信息化军事行动，要求网络空间地图应当具有精准的目标描述，信息的实时整合和成果的多维呈现，才能充分发挥网络空间地图的感知应用能力。另一方面，研发系列配套的网络空间武器，将智能化作为军事武器装备发展的重点方向。网络技术与武器装备的进一步结合，"无人、无声、无形"的"三无"战争正在浮出水面。那么网络空间武器研发就需要明确需求，形成体系，尤其是要注重软件系统的配套研发，形成能满足不同需求，完成不同任务的网络空间作战体系。

四、加速网络法治建设，严格依法治网

网络空间常常被称为人类生存的"第二空间"。作为现实空间延伸的网络空间，虽然具有虚拟性，但存在着各式各样的社会关系，充斥着权利与义务，需要构建良好的秩序。正如习近平主席在第二届世界互联网大会开幕式上指出的："构建良好秩序。网络空间同现实社会一样，既要提倡自由，也要保持秩序。自由是秩序的目的，秩序是自由的保障。我们既要尊重网民交流思想、表达意愿的权利，也要依法构建良好网络秩序，这有利于保障广大网民合法权益。网络空间不是'法外之地'。网络空间是虚拟的，但运用网络空间的主体是现实的，大家都应该遵守法律，明确各方权利义务。要坚持依法治网、依法办网、依法上网，让互联网在法治轨道上健康运行。"网络空间法治建设，也是确保网络空间命运共同体的关键，它确保网络空间国际合作共建的有序开展。

（一）坚持尊重网络主权原则

一是要坚持网络主权的原则立场，走好全球网络空间治理第一步。中

国在推进网络空间治理体系中，始终坚持尊重网络主权，反对在网络空间中无视他国主权进行监视、网络威胁等新的和平威胁。网络空间全球治理体系的构建必须以各主权国家地位平等为前提，早在 2010 年《中国互联网状况》白皮书明确指出："维护互联网安全是互联网健康发展和有效运用的前提。当前，互联网安全问题日益突出，成为各国普遍关切的问题，中国也面临着严重的网络安全威胁。有效维护互联网安全是中国互联网管理的重要范畴，是保障国家安全、维护社会公共利益的必然要求。中国政府认为，互联网是国家重要基础设施，中华人民共和国境内的互联网属于中国主权管辖范围，中国的互联网主权应受到尊重和维护。中华人民共和国公民及在中华人民共和国境内的外国公民、法人和其他组织在享有使用互联网权利和自由的同时，应当遵守中国法律法规、自觉维护互联网安全。"❶ 尊重国家网络主权的内容涉及方方面面，既包含尊重各国家在各自网络主权范围内选择的网络发展、管理模式等权利；还包含各国在参与共建网络命运共同体中参与、协商共识、发挥组织作用时，不搞单边主义，拒绝网络霸权主义。坚持网络主权原则，已经得到了越来越多国家的认可和支持，这成为推动网络命运共同体在全球治理体制构建中的重要指导原则。

二是要深刻理解尊重网络主权的国际法意蕴。从网络空间发展的现实基础和现实状况来看，无论是网络基础设施和网络空间行为都需要网络空间法治来实践。一方面，在各国网络基础设施管辖领域和网络空间行为管辖领域，要尊重网络主权。另一方面，根据一般国际法原则，国家主权主要体现在对内和对外两个层面，网络主权也不例外。对内，一个国家的网络主权表现国家对网络空间的最高管辖权，无论是从战略制定、资金投入、技术研发等还是从本国网络空间法治运行治理，都体现着最高管辖权。对外，网络主权表现在国家在网络空间的平等权、独立权和自卫权，

---

❶ 中华人民共和国国务院新闻办公室. 中国互联网状况［EB/OL］.（2010-06-08）［2016-08-10］. http://news.cntv.cn/china/20100608/101807.shtml.

在遇到与他国网络空间问题时，享有平等的协商权；独立享有本国网络空间技术和数据的管理权；面对他国对本国网络空间主权攻击时，享有国际法领域的自卫权。

（二）加快构建完善的网络空间法治体系

目前，网络空间法治建设具有现实困境：在网络空间立法层面，仍然存在"暗区""盲点"；在网络执法层面，"缺位""错位"的现象仍然很多；在司法保障层面有很多"真空""镂空"现象；在网络空间守法层面，守法意识"虚化""泛化"缺少知行统一。要真正实现网络空间高效有序的发展，必须要从网络立法、司法、执法、守法多层次，多维度构建完善的网络空间法治体系。

第一，网络空间法治建设应坚持立法先行。我国目前在互联网领域内已经有许多专门性法律法规，不仅有全国人大制定的法律，也有行政法规、部门规章、司法解释、其他规范性文件，但现有规范性法律无论在涵盖范围还是在针对新兴问题方面都在不断发展和完善。据不完全统计，到目前为止，中国已出台涉及网络问题的法律、法规和规章超过 800 部，已经初步形成覆盖网络信息安全、电子商务、未成年人保护等领域的网络法律体系。❶ 我国在完善网络空间重大法律法规时，要始终坚持在宪法框架下进行立法，构建与中国特色社会主义法律体系相融合的法律制度，2017年 6 月 1 日起，我国正式施行《中华人民共和国网络安全法》，这是我国依法治理网络的重要举措。要始终坚持增强网络法律法规的时效性、针对性、系统性，积极改进立法工作方式；要始终注重加强与各国之间的沟通合作，以全球视野看待网络法治化问题，吸收借鉴国外网络立法的先进经验，结合本国国情，科学民主立法，形成缜密的网络空间法律法规体系，确保网络空间法律的良善性。

---

❶ 陈纯柱，王露. 我国网络立法的发展、特点与政策建议［J］. 重庆邮电大学学报（社会科学版），2014，26（1）：31-37.

第二，网络空间法治建设离不开严格网络执法。众所周知，法律的生命力在于实施。据统计，现行的 170 余部涉及互联网管理的法律法规中，调整行政类法律关系的超过了八成。❶ 这就对网络执法者的能力提出了要求，如何在网络执法中，既能加大针对网络违法案件的执法力度，又能清晰明确执法的"责权利"，是严格网络执法面临的现实问题。一方面，需要优化网络执法机构。根据实际状况，目前我国网络执法大多是由多主体共同进行的，表面上看似乎监管有力，但事实上就出现了"责权利"不明晰的情况，可能会出现相关部门互相推诿现象，也可能会出现各个执法主体根据本部门的相关规执法，出现一行为多结果的执法现象。另一方面，需要尽快建立一支专业性与综合性兼备的网络执法专业队伍，摒弃定期进行专门的在职培训，使其掌握最新兴的网络技术，从而有效提升网络执法能力。

第三，网络空间法治建设需要公正司法的有力保障。网络空间法治建设同样需要在坚持司法法治、司法平等、司法独立、司法责任、司法实证等基本原则，以及在坚持司法的基本价值追求的基础上构建网络空间司法模式，引领网络空间法治建设。当今，"互联网+"的形式已经在推动司法实践的创新。一方面，为了阳光司法机制，最高人民法院先后建立了审判流程公开网、裁判文书网、执行信息公开网、庭审公开网等四大司法公开平台；同时，依托信息网络技术，各级法院建立了政务网站、12368 诉讼服务平台、法院微博微信、移动新闻客户端、手机 APP 等，促进司法全面公开透明。❷ 另一方面，要积极探索互联网司法新机制模式，充分发挥互联网法院作为网络空间依法治理"试验田"的作用。2017 年 8 月 18 日，杭州互联网法院揭牌，是全国第一家集中审理涉网案件的试点法院。主要职责：按照依法有序、积极稳妥、遵循司法规律、满足群众需求的要求，探索涉网案件诉讼规则，完善审理机制，提升审判效能，为维护网络安

---

❶ 自言. 以互联网立法规范网络秩序 [EB/OL]. (2014-11-02) [2016-08-10]. 人民网, http://opinion.people.com.cn/n/2014/1102/c1003-25957285.html.

❷ 范明. 网络司法公开："互联网+司法"改革的起跑线 [J]. 人民论坛, 2018 (4)：94.

全、化解涉网纠纷、促进互联网和经济社会深度融合等提供司法保障。在 2018 年 4 月 2 日，杭州互联网法院宣布全球首个异步审理模式正式启动。

第四，网络空间守法是网络空间法治建设的出发点和落脚点，也是"互联网+"时代网民的内在素质。习近平总书记在网络安全和信息化工作座谈会上讲话强调，网络空间是亿万民众的共同家园，要本着对社会负责、对人民负责的态度，依法加强网络空间治理，加强网络内容建设，做强网上正面宣传，培育积极健康、向上向善的网络文化，用社会主义核心价值观和人类优秀文明成果滋养人心、滋养社会，做到正能量充沛、主旋律高昂，为广大网民特别是青少年营造一个风清气正的网络空间。❶ 要充分利用互联网创新法制宣传工作，强化网络普法，倡导全民守法，营造学法、懂法、守法的社会氛围，提升网络空间守法意识，真正做到知行统一，使所有网络空间参与者都能自觉运用法治思维、法治方式来处理解决问题。

五、深化网络国际合作，助推合作兴网

从《网络空间国际合作战略》的发布，到杭州 G20 峰会《二十国集团数字经济发展与合作倡议》的签署，从共同推动互联网关键资源管理权完成转移，到积极助推互联网域名地址分配机构的国际化进程，我国不断深化网络空间国际合作，推动世界各国共同搭乘互联网和数字经济发展的快车。树立"和而不同"的网络空间合作理念，以"中国智慧"构建网络空间政治、经济、文化、安全领域的国际合作新格局，要坚持以合作共赢为核心的新型国际关系理念，加强与世界各国的沟通交流，加强网络空间治理的国际合作，建立新型全球互联网治理体系，努力建设一个安全、稳定、繁荣的网络空间，让网络空间成为人类社会共同福祉具有重要的指导意义和现实价值。各国在"你中有我、我中有你"的复杂利益交织中共利

---

❶ 曹复兴. 让网络空间正能量更充沛 [N]. 甘肃日报，2016-08-15（10）.

共存，构成了"人类命运共同体"展和前进的内生动力。正如习近平总书记在展望互联网产业革命的前景时所指出，"建设创新型世界经济，开辟增长源泉"才是打开增长之锁的钥匙。只有真正普遍实现互利共享，人类命运共同体意识才能真正在全世界人民心中落地生根，新的、更加公正合理的国际政治经济新秩序才能够真正建立。❶

（一）准确把握网络空间国际合作体系中的中国定位，在积极推动网络空间合作共治中承担大国责任

中国作为世界上最大的发展中国家，发展自身经济和保持国内政治稳定依然是中国的首要任务，这也关乎世界的和平稳定发展。构建网络命运共同体，其本质就体现了"中国特色"，是中国提倡的"和而不同"的和谐网络体系构建，充分体现了网络空间国际合作体系中的中国动力。当然，我们也要清晰地认识到中国目前正处在中国特色网络强国建设中，这就需要准确把握中国在网络空间国际合作体系当中的责任定位，更好地发挥中国在网络空间国际合作当中的作用，这也是当前网络强国的重大意义。

一是要准确把握网络空间国际合作体系中的中国定位。一方面，中国的网络空间能力还须提高。我们在科技创新、军事信息化水平、文化软实力等方面还须加强，我们在网络空间中国际议程设置、国际标准制定、国际话语权等方面同样需要积极参与，把网络大国建成网络强国，因此我们要时刻清晰当前中国网络空间战略布局和发展需求。另一方面，中国始终坚定维护全球网络空间安全。中国在网络空间国际合作体系除了要谋求发展，更要增强中国在网络空间合作体系中的国际地位。这种国际地位，需要充分体现网络大国责任，网络空间大国责任不是仅仅根据国际法条约义务延伸出来的义务和责任，更多的是对不合理国际机制的改革和创新，为构建共享共治、合作共赢的网络空间体系创设安全、开放的网络环境。

二是深刻理解把握"中国方案"，从而在积极推动网络空间合作共治

---

❶ 葛大伟. 网络空间命运共同体思想的内在结构和治理逻辑［J］. 重庆邮电大学学报，2018（7）：89.

中承担大国责任。中国就网络问题首次发布的国际战略《网络空间国际合作战略》系统阐释了为推进全球网络治理，网络空间国际合作提供的"中国方案"。中国在积极推动网络空间国际合作共治中承担大国责任，我们要充分认识到大国责任不只是享受网络空间治理的权力和利益，还承担着相应的风险，我们要正确对待网络空间合作体系中的权利义务。要在网络空间树立负责任大国形象，既要平衡中国在网络空间的权利义务，更要充分发挥中国在国际合作体系的独特作用，也为其他国家合法利益提供支持和保障。中国互联网的发展历程充分表明，"中国方案"体现了鲜明地中国特色，为全球各国互联网发展提供了可借鉴复制的发展路径。首先，"中国方案"为网络空间国际合作打下了坚实的理论基础。构建网络空间命运共同体的新理念新战略，深刻回答了国际互联网发展的系列重大理论和现实问题，为加快推进网络空间国际合作提供了科学理论指导。其次，"中国方案"为网络空间国际合作提供了科学的方法指导。习近平总书记站在历史唯物主义视角，坚持马克思主义历史发展观，旗帜鲜明地提出了互联网发展离不开"共享与协作、安全与发展、合作与共赢"等新理论，推动解决了互联网领域发展不均衡、不健全、不合理等问题。最后，"中国方案"为网络空间国际合作奠定了坚实的基础。党的十八大以来，以习近平同志为核心的党中央高度重视互联网发展和治理，凝聚中国 13 亿多人民的力量，勇于承担网络空间命运共同体的大国责任，塑造网络空间国际合作的中国形象，积极为构建网络空间命运共同体而不懈努力。中国不仅提出"中国方案"，而且用实际行动去证明方案可行性，从而提高了中国在网络空间国际合作的国家影响力和感召力，在潜移默化中影响着国际社会对中国的认可和赞许，进而增强中国在网络空间国际合作共建中的凝聚力。

（二）积极创设网络空间合作平台，以"中国智慧"构建网络空间国际合作新格局

"全球一网"改变了传统地缘的战略纵深，任何国家都不可能独善其

身，网络空间国际合作势在必行。尤其是中国已经逐步走向世界舞台的中央，我们需要正视的是我国与其他主要国家网络空间合作实践中依然存在问题，亟待解决。

一是要充分发挥网络空间国际合作机制的作用。目前网络空间的国际合作通常以四种模式实施：（1）国际会议机制，这是现实世界中，各国处理国际关系、解决国家间问题的一个有效途径。（2）行为规范机制，网络行为规范机制为国际合作提供了秩序保障，网络空间国际合作各方都需要严格遵守网络行为规范。"作为一个新兴的领域，网络空间治理目前还没有专门的法律法规，只有《国际人道主义法》和《网络犯罪公约》可以援引。"❶ （3）共同信任机制，由于网络空间缺少法制制约，在这种情况下，不同的国家和国际组织要联合起来共同解决面临的问题，达成最终一致意见，这就迫切需要共同信任机制。它是网络空间合作实践强大的力量源泉，网络空间治理的领域很多，如果没有构成共同信任机制，那么所构建的国际合作都是停留在较低层次上，自然难以发挥国际合作的作用。（4）多边协调机制，在传统国际关系领域，外交部门往往通过多边协调机制解决共同关心的国际和地区事务问题。那么在网络空间，我们也要充分发挥多边协调机制的作用，比如我们可以在已存在的多边协调机构中，如联合国、欧盟、上海合作组织等组织中，加强有关网络安全、治理、经济、文化交流等问题的合作。

二是积极自主创设平台，深刻阐述中国智慧，发出中国声音，建立共识。中国正在从网络大国向网络强国迈进，中国智慧越来越多被世界所认知、所接受。越来越多的国家充分肯定中国提出人类命运共同体乃至网络空间命运共同体倡议，具有极为重要的意义，对世界人民是一个福音。一方面，我们可以借助已有的国际平台，积极抓住机会进行发声。比如在2014年6月召开的互联网名称与数字地址分配机构（ICANN）大会上，中国首次作为非主办国有机会在开幕式上进行演讲，中国抓住这个机遇提出

---

❶ 郎平. 网络空间安全：一项新的全球议程［J］. 国际安全研究，2013（1）：128-141.

了互联网迈向全球共治时代的"七点共识"。● 在 2014 年 6 月召开的 ICANN 大会上，中国提出了互联网迈向全球共治时代的"七点共识"：一是互联网应该造福人类，给世界人民带来福祉，而不是危害；二是互联网应该给各国带来和平与安全，而不能成为一个国家攻击他国的"利器"；三是互联网应该更多服务于发展中国家的利益，因为他们更需要互联网带来的机遇；四是互联网应该注重保护公民合法权益，而不能成为违法犯罪活动的"温床"，更不能成为实施恐怖主义活动的工具；五是互联网应该文明诚信，而不能充斥谣言和欺诈；六是互联网应该传递正能量，继承和弘扬人类优秀文化；七是互联网应该有助于未成年人健康成长，因为这关系到人类的未来。另一方面，我们可以自创发声平台，阐述中国智慧。中国拥有网民数量最多，积极承担国际责任，搭建中国与世界互联互通的国际互联网共享共治平台，有助于中国更好地走向世界，让世界更好地了解中国。比如，从 2014 年起在浙江乌镇举办一年一度的世界互联网大会，第一届互联网大会的以"互联互通，共享共治"为主题，乌镇被定为大会永久会址，今年已经举办了第五届世界互联网大会，每一届始终聚焦的"网络空间命运共同体"主题；从"互联互通、共享共治"到"创新驱动造福人类"，再到"发展数字经济促进开放共享"，世界互联网大会在变与不变中，探寻着携手共建网络空间命运共同体的永恒答案。

三是立足合作平台加强国与国沟通交流，增进网络空间共识。在网络空间领域，各国之间因网络技术、社会制度、意识形态等存在差异，难免会在共建共治问题上出现分歧。中国应联合网络发展中国家，采取正确的策略，充分发挥联合国主导作用，创造条件与网络发达国家开展谈判，加强沟通从而逐步扩大自身的影响力，吸引网络发达国家自愿参与到合作中来。在此，中俄两国提供了典范：2016 年 6 月 25 日，两国就协作推进信息网络空间发展发布联合声明，提出两国一贯恪守尊重信息网络空间国家

● 互联网全球共治的新机遇［EB/OL］.（2014-06-25）［2020-06-13］. http://www.wen-ming.cn/djw/jrrd/xwmt/201406/t20140625_2023215.shtml.

主权的原则，主张各国均有权平等参与互联网治理，倡导各国应在相互尊重和相互信任的基础上全面开展实质性的对话与合作，支持联合国在建立互联网国际治理机制方面发挥重要作用。❶ 对于网络发展中国家，一部分国家还没有意识到加强网络空间国际合作的重要意义，而目前已经合作的网络发展中国家，只是建立在有限的共识基础上，很多问题仍然存在分歧，难以真正形成网络空间合作的合力。中国要充分利用各种机会和场合宣传网络空间合作的重要性和必要性，深入解决网络空间合作的内部问题。比如在 2018 年第五届互联网大会上，中国互联网络信息中心（以下简称 CNNIC）联合二十余家知名企业共同发出倡议："中文域名是用中文开启互联网的钥匙，我们共同倡议积极注册使用中文域名，进一步提升中文在互联网上的影响力。""让中文域名、中华文化与互联网同行，与世界同行。"❷ 构建网络空间命运共同体需要世界各国的参与，目前中国将借助"一带一路"深化与各国的合作，加强共建。一方面，在"一带一路"沿线国家战略规划方面，中国将发挥智库力量，在尊重各国网络主权的基础上，将中国在网络空间中的智慧，实施方案共享，为沿线国家的信息化建设提供帮助。比如，我国充分利用现有资源，结合"一带一路"沿线国家虚拟大学等网络教育以及网络资源发展现状和特点，以"国际化"为指针，积极建设高质量国际虚拟大学，培养更多"一带一路"所需人才。另一方面，加大技术支持的同时也加快资金融通，从而更好地推进信息丝绸之路与互联网应用的同步发展，进而促进网络空间命运共同体的构建。比如，我们在推动信息基础设施建设的同时也要加快电子商务、电子政务、智慧城市、物联网等互联网应用能够在相关国家得到应用和发展，使这些国家的人民切实体会到网络空间带来的好处，从而更好地加快信息丝绸之路的畅通发展。

---

❶ 崔保国. 网络空间治理模式的争议与博弈 [J]. 新闻与写作，2016（10）.

❷ 中文域名发展与应用高峰论坛在杭州召开 [EB/OL]. （2018-12-05）[2020-06-13]. https://tech.sina.com.cn/i/2018-12-05/doc-ihmutuec6403722.shtml.

参考文献

［1］习近平. 弘扬和平共处五项原则，建设合作共赢美好世界［N］. 人民日报，2014-06-29（2）.

［2］蔡拓，王南林. 全球治理：适应全球化的新的合作模式［J］. 南开学报（哲学社会科学版），2004（2）：64-70.

［3］郭健全，汤兵勇. 互联网对国际商务的变革性影响［J］. 东华大学学报（社会科学版），2003（2）：30-32.

［4］蔡翠红. 论中美网络空间的战略互信［J］. 美国问题研究，2013（1）：93-217.

［5］郎平. 网络空间安全：一项新的全球议程［J］. 国际安全研究，2013（1）：128-160.

［6］马克思恩格斯全集：第3卷［M］. 北京：人民出版社，2002：394.

［7］中共中央文献研究室. 习近平关于科技创新论述摘编［M］. 北京：中央文献出版社，2015.

［8］习近平. 携手构建合作共赢巧伙伴，同心打造人类命运共同体［N］. 人民日报，2015-09-29（2）.

［9］习近平. 迈向命运共同体，开创亚洲新未来［N］. 人民日报，2015-03-29（3）.

［10］习近平同志《论坚持推动构建人类命运共同体》主要篇目介绍［N］. 人民日报，2018-10-15（2）.

［11］曲星. 人类命运共同体的价值基础［J］. 求是杂志，2013（4）：53.

［12］唐贤兴. 全球化与全球治理：一个治理社会的来临［J］. 世界经济与政治，

2001（1）：26-30.

[13] 俞可平. 全球治理的趋势及我国的战略选择 [J]. 国外理论动态，2012
（10）：7-10.

[14] 周叶中. 论民主与利益、利益集团 [J]. 学习与探索，1995（2）：70-76.

[15] 王明国. 全球互联网治理的模式变迁、制度逻辑与重构路径 [J]. 世界经济
与政治，2015（3）：47-158.

[16] 卢静. 当前全球治理的制度困境及其改革 [J]. 外交学院学报，2014（1）：
107-121.

[17] 刘勃然，黄凤志. 美国《网络空间国际战略》评析 [J]. 东北亚论坛，2012
（3）：55.

[18] 余洋. 世界主要国家网络空间发展年度报告 2014 [M]. 北京：国防工业出
版社，2014：3.

[19] 汪明敏，李佳.《英国网络安全战略》报告解读 [J]. 国际资料信息，2009
（9）：10.

[20] 由鲜举，田素梅. 2014 年《英国网络安全战略》进展和未来计划 [J]. 中国
信息安全，2015（10）：85.

[21] 胡兵，桑军. 引吭高歌的高卢雄鸡——法国网络信息安全战略浅析 [J]. 中
国信息安全，2012（7）：52.

[22] 程群，胡延清.《德国网络安全战略》解析 [J]. 德国研究，2011（3）：25.

[23] 卢英佳，吕欣.《日本网络安全战略》简析 [J]. 中国信息安全，2014
（4）：110.

[24] 周季礼. 2014 年印度网络空间安全发展举措综述 [J]. 中国信息安全，2015
（5）：92.

[25] 何露杨. 互联网治理：巴西的角色与中巴合作 [EB/ON].（2016-08-12）[2018-
09-18]. http://ilas. cass. cn/xkjs/kycg/zlgx/201608/t20160812_3160641. shtml.

[26] 福特纳. 国际传播："地球都市"的历史、冲突与控制 [M]. 刘利群，译.
北京：华夏出版社，2000：107.

[27] 赵家祥. 现代生产力，经济基础与上层建筑关系新探 [M]. 南京：南京信息
工程大学出版社，2011.

［28］托夫勒. 权力的转移［M］. 北京：中共中央党校出版社，1990.

［29］海姆. 从界面到网络空间——虚拟实在的形而上学［M］. 金吾伦，刘钢，译. 上海：上海科技教育出版社，2000：79.

［30］基恩. 数字眩晕：网络是有史以来最骇人听闻的间谍机［M］. 郑友栋，李冬芳，潘朝辉，译. 合肥：安徽人民出版社，2013：137.

［31］王钰鑫. 习近平网络空间命运共同体思想的生成、内涵与构建路径［J］. 广西社会科学. 2018（6）：7.

［32］钱穆. 中国文化导论［M］. 上海：生活·读书·新知三联书店上海分店，1988：107-108.

［33］管锦绣. 马克思技术哲学思想研究［D］. 武汉：武汉大学博士论文，2011：7-8.

［34］王世伟，曹磊，罗天雨. 再论信息安全、网络安全、网络空间安全［J］. 中国图书馆学报，2016（9）：42.

［35］申琰. 互联网与国际关系［M］. 北京：人民出版社，2012：6-7.

［36］李建军，周大伟. 网络空间特点及其对网络空间安全建设的启示［J］. 密码与信息安全学报，2016，28（2）：62.

［37］陈纯柱，王露. 我国网络立法的发展、特点与政策建议［J］. 重庆邮电大学学报（社会科学版），2014（1）：31.

［38］葛大伟. 网络空间命运共同体思想的内在结构和治理逻辑［J］. 重庆邮电大学学报，2018（7）：89.

［39］曾琰. "确定性—自由"规约下的规范性生成：人类命运共同体规范性构建的双重要义及径路［J］. 社会主义研究，2018（6）：131-137.